你要相信自己值得被爱

〔法〕让-克罗德·里昂德（de Jean-Claude Liaudet）著

陈思宇 译

江苏凤凰文艺出版社
JIANGSU PHOENIX LITERATURE AND
ART PUBLISHING, LTD

图书在版编目（ＣＩＰ）数据

你要相信自己值得被爱 / (法) 让–克罗德·里昂德
著；陈思宇译 . -- 南京: 江苏凤凰文艺出版社, 2017.9
ISBN 978-7-5594-0993-5

Ⅰ.①你… Ⅱ.①让… ②陈… Ⅲ.①成功心理 – 通
俗读物 Ⅳ.①B848.4–49

中国版本图书馆CIP数据核字（2017）第208469号

书　　　名	你要相信自己值得被爱
作　　　者	让 – 克罗德·里昂德
译　　　者	陈思宇
责 任 编 辑	邹晓燕　黄孝阳
出 版 发 行	江苏凤凰文艺出版社
出版社地址	南京市中央路 165 号，邮编：210009
出版社网址	http://www.jswenyi.com
发　　　行	北京时代华语国际传媒股份有限公司　010-83670231
印　　　刷	三河市宏图印务有限公司
开　　　本	880 × 1230 毫米　1/32
印　　　张	9
字　　　数	180 千字
版　　　次	2017 年 9 月第 1 版　2017 年 9 月第 1 次印刷
标 准 书 号	ISBN 978-7-5594-0993-5
定　　　价	39.00 元

传说火烈鸟是永恒的存在，
在火中一次次轮回重生，
穿越时间与空间，不死不灭。
她是冲破羁绊的欲望之兽。
无论多么狂暴，重生之后，一切归于平静。

爱即是"心灵之火烈鸟"，
你的疯狂、羁绊、欲念，都是心中烈火，
以渴望体会缺失，
以无数次搏斗理解平静，
爱，一直存在，等你重生。

人类对爱的需求，是一种本能

爱，作为人与生俱来的一种特质，含义颇多。爱是真心对待，爱是愿意付出，被爱能给予人满足。法国著名心理分析学家让－克罗德·里昂德认为，爱这个词是一个混合词，其中既包含了对自己的爱，又包含对子女的爱，对父母的爱，性爱，情欲，对真善美的爱……

为什么我们需要回顾人生？

时间是我们珍贵的礼物。我们执着于时间表，却忽视了对时间的认识影响了我们看待和认识事物的角度。我们的时间，分为三个重要的维度：历史、现在、未来。每一个维度的作用，都不容忽视。

个体心理学的创始人阿德勒，强调未来对人的行为的影响，于是引导人们设立目标实现人生非凡的意义。我们不容易忽视未来，是因为那是每个人都对"世间的美丽在高处"赞同不已。我们不断攀爬，又不断地憧憬顶端的风景。

世界颇有影响力的心灵导师埃克哈特·托利说要"活在当下"。人类心理活动有一个共同之处是，有许多时候，它脱离了与当下的关系，压抑的创伤、回忆和过于理想化对未来的憧憬都很容易激发情绪化行为。找到当下的专注力量，的确会提高我们眼前的生活品质，可以让我们真正地找到宁静的力量。

而为何我们要注重个体自身的历史呢？我们的每一个记忆都可以帮助我们塑造自我。在任何亲密关系之中，我们关于爱和安全的感受都会随之注入我们的精神里。所以，一个人不可以摈弃和隐藏个体的历史。

几片雪花形成不了暴雪，一场伤痛也不该蔓延一生。

某些艰难时刻，我们更需要回顾过去的人生。正如让-克罗德·里昂德在《你要相信自己值得被爱》前言中所写的一样："当前的维度和过去的维度是相互交织的：当前的事件之所以令我们受伤，是因为它唤起了曾经的痛苦记忆，那些我们没能克服、没能释怀、没能战胜的痛苦过往。"

当缺乏爱时，怎样自我重建？

世间万物周而复始，循环往复，人类只是这永恒循环的一部分。我们和其他人有什么不同？不同之处在于我们不断地进行生命意义的探索，我一直相信内在的真实存在。

有一次，我在一个书讯杂志读到一句话，大致是说："我相信，这是一个谁都能幸福快乐的世界，因为我们的世界是连成一线的。"我们每个人，可能都一样，午夜梦回，会想如何使自己生活得更幸福。那些脆弱、沮丧、缺乏爱的一面，我们往往不会对它予以关注，从这些内在的痛苦本身出发，其实可以帮助我们收获幸福。

当你最珍视的东西和最纯洁的感情岌岌可危时，你可能会开始怀疑，是不是这个世界不够好？其实世界还是原来的样子，你想要爱的，与你想要被爱的，都在你的心上。

　　让－克罗德·里昂德提出，爱即缺失。爱就是尽可能地为自己获得更多渴望的东西。

　　而当我们觉得自己缺乏爱的时候，我们需要做的是，更深刻地认识和认清这种缺失感具体是什么，我们才能更好地摆脱抑郁沮丧。也许是觉得不够被爱，也许是受到伤害，也许是一种被抛弃感，也许是没有存在感、失去价值的感觉。

　　为什么我们总会觉得不够被爱？或者从未被爱？我们所有人都在寻找人生中最复杂的问题的答案。我们其实在寻找一条出路。

　　值得注意的是，这世间所有的，都是由自己而人，以自己为中心而不断扩大的。爱与被爱都是一门艺术，其实只与你自己有关。打开自己，用心体会，只有拥抱内在的真实，我们才能超越自我。

　　等你幡然醒悟，你会发现，还有一个截然不同的——更富足、更完善的人生，在等待着你。而这本书，将是一份永恒的礼物，你会同千千万万的人相约，和迷失的人一起探寻出你心中的那道光芒。

编者

2017 年 8 月 18 日

前　言

　　在生命的某个时刻，我们所有人都会以不同的方式体验到不同程度的爱的缺乏：严重时，我们会觉得少了爱自己的那个人，甚至没办法继续活下去；而有时则仅仅是因为在工作中缺乏认同感而感到失落。

　　还有些时候，我们可能正在缺乏爱的环境中煎熬，却并不自知，这种情况在童年时尤其常见。

　　成年后，生活中的某个事件（分手、失业、失去某个身份、亲友的去世……）往往会唤醒或加深这种缺失感，这种被抛弃、被遗忘、失去价值的感觉……每个人对此都会有不同的反应，最常见的表现就是抑郁沮丧，但也并不总是如此。我们甚至可以略带挑衅地承担起这些情况，或是靠变得激动亢奋来忘记痛苦。

　　我们也可能会感觉到自己从来没有被爱，或者没有获得足够的爱。有人会由此得出结论，认为自己不值得被爱。这种感觉并不是眼前的事件所激发的，事实上，让我们感到痛苦的，是自己难以摆脱这种状态，而这种感受的源头往往要追溯到童年时期。

通常情况下，当前的维度和过去的维度是相互交织的：当前的事件之所以令我们受伤，是因为它唤起了曾经的痛苦记忆，那些我们没能克服、没能释怀、没能战胜的痛苦过往。反之，如果在孩童时期得到了足够的爱，我们就会拥有自信，让我们能够直面眼前的困难。

　　如果尚未拥有这种自信，要想获得这种自信，重要的便是抛开眼前的事件，确认自己在过去的什么时候、以何种方式缺乏了爱。

目　录

第四部分
缺爱的症状

第五部分
生活的考验

第一部分

自恋、情欲与爱

在进入我们的主题之前，似乎很有必要回顾一下相关的概念。我会首先回顾几个贯穿本书、用于心理分析的概念。借此机会，我们先区分一下情欲和爱这两个概念。

"爱"这个词是一个混合词。其中既包含了对自己的爱，又包含对子女的爱，对父母的爱，性爱，情欲，对真善美的爱，对神的爱……我们似乎需要给这个词下个定义，同时把它展开来说。

以上提到的这些爱，罗马人只用一个词指代，也就是我们法语里的词："爱（amour）"。而希腊人则把"爱"划分为三个层次：爱欲（eros），博爱（agape）和友爱（philia）。谈到爱时，我们一般指的就是希腊词，爱欲（eros）。对此，爱就是渴望尽可能多地为自己获得缺失的东西。这个定义扼杀了爱所带来的喜悦。因为，如果不再缺失，就意味着不再有渴望……事实上，爱欲（eros）之爱中主动和攫取的特性也正符合了男性特征的传统印象。爱欲（eros）之爱是索取之爱。而博爱（agape）之爱则是给予之爱。从中可以看到对于女性的传统印象，尤其从母性的角度出发。事实上，博爱（agape）之爱才是慷慨的，是无偿的馈赠，不求回报，无私奉献……近乎受虐癖一样。友爱（philia）之爱则是爱欲（eros）和博爱（agape）的完美结合。友爱（philia）之爱的特点是互惠、分享和团结一致，它意味着关注对方的同时不忽视自我。

1

自 恋

原初自恋：绝对的爱－继发自恋：爱自己－原初自我：
超我，理想自我

我们知道弗洛伊德在其心理分析中重新使用了爱欲（eros）这个词。在弗洛伊德的超心理学^①中，爱欲（eros）^②指的是生的冲动，与死的冲动相反。爱欲（eros）是联结、聚集、催促成长的力量。而死亡冲动（Thanatos）^③则会促进分离。繁殖的性欲只是其他欲望中的一种。这就是为什么在精神分析中，性欲的概念不仅仅局限于繁殖，而是囊括了所有与爱欲（eros）相关的内容：也就是所有有利的冲动和快感。关于口欲期和肛欲期的说法也基于此。

因此，在心理分析中，我们区别出很多种爱，这些爱也各自包

---

① 超心理学（metapsychology），就像我们把那些完全假定的公设称为"超几何学（hypergeometry）"一样，这些假设让我们画出欧式几何学中的矩形，从而得出两条平行线永不相交的结论。

② Eros，爱欲，Eros 也是希腊神话中的爱神厄洛斯。——译者注

③ Thanatos，死的愿望，塔纳托斯（Thanatos）也是古希腊神话中的死神。——译者注

含着不同的成分。我们先从头来看。

原初自恋：绝对的爱

自恋的名声并不太好：它会让人联想到自私、自体情欲、好为人师。这也是次级精神分析或镜像精神分析中对自恋的形容。对于精神分裂症患者的临床研究证明他们缺乏这种自恋，但却表现出另一种更原始的状态，我们可以将此概括为全能意志。在进化的过程中，我们每个人都是从这一步过来的。从胎儿到成为婴儿时，我即万物，万物即我。当我们还是胚胎状态，或者说是处于混沌之中时，我们可以称得上是一个神：因此，耶和华无处不在而又处处都在（即信奉《圣经》的三教所说的全能、全知、全爱）。我们与母亲之间，甚至不可能容下一片烟纸！这就是为什么，在初生阶段，乳房或者整个母体，都被我们想象成是自己的一部分。而第一次的分割（也叫"阉割"，因为这是对我们"全能"的第一次侵袭）随着断奶期而来[1]。乳房离开了我们，成了一个来去自由的客体。断奶期结束之前，婴儿会觉得自己的一部分在虚无中消失，这简直就是世界末日般的体验，他感觉自己正在解体，简直绝望至极！为了捍卫自我，表现出的就是全然的愤怒。好在母亲通常都会安慰婴儿：天堂因此得以重建……直到下一场暴风雨来临。婴儿需要一些时间才能理解，

---

[1] 也可以被称作第二次阉割，第一次阉割为切断脐带后，婴儿从羊水中来到空气中。

虽然不在自己身边，但母体并没有消失。人们说婴儿永久地获得了母体，但若想实现这一点，其实要执行反论，需要彻彻底底地失去才行：母体不再时刻陪伴左右。完成了这一点之后，就能够构建起梅兰妮·克莱恩（Melanie Klein）提出的两个内化客体的表现：一是表现出愉悦与善意，二则表现得像个受害者，我们能从中看到爱与恨的雏形。

从这些描述中，我们已经可以隐约看到情欲的机制，也都将会回到这一步。

在 1250 年左右写成的诗体小说《佛拉明莎》（*Flamenca*）中，无名作者写下的交心话其实也凸显了母婴关系中对身体的混沌认知：

> "朋友，"她说着亲吻了他，
>
> "这个吻让我把心交付与你，
>
> 拿着你的心，让我活下去。"
>
> "夫人，"纪姚姆回答道，"我收下了，"
>
> "我发誓会把它收藏好，
>
> 把它藏在我心脏的位置。[①]"

---

① 出自《佛拉明莎》（*Flamenca*），《行吟诗人》（*Les Troubadours*），Desclée de Brouwer 出版社，2000 年，p. 1001.

继发自恋：爱自己

继发自恋或镜像自恋需要更为完善的心理机制：爱自己还需要对自己有所认知。

而第一个外在恒定客体——"母亲"的构建可以实现自我客体认知的构建。婴儿通过母亲在镜子中向他展示、描述的画面而认识自我，从而实现镜像阶段的认知：这个镜像就是我！我们看到的是一个复杂的公式，我不过是一幅镜像，首先将画面和自己的身体联系起来，之后才在思想上认同。

当冲动同混沌的原初自恋期一样，不再作用于自体情欲之时，就会诱发爱的主体与客体之间的交流（这一体验就是我们所熟悉的了！）。这时，恋己欲（继发自恋）就可以派上用场了。其运行机制如下：我将自己内化成一个好妈妈的形象，这样我就可以像妈妈爱我那样爱自己……这一过程可以让我们接受母亲的缺失，自主取得胜利，因为我们每个人都拥有那个内在的母亲。

从此意义上来讲，自恋是心理良好运转的基本元素。要有强烈的恋己欲才能够抵得住生活中的各种考验，重建自我。没有坚实的恋己欲，就不会有韧性！而这就又要求我们在生命之初有个好的内化客体：一位足够好的母亲（一位履行母亲职责的人）。

那喀索斯

"从前有一处银光闪闪的澄澈泉水。从未有牧羊人、在山上吃饱了的羊儿或是其他家畜来此饮水；从未有过鸟儿、野兽或是树上落下的枝叶打破纯洁如镜的水面。泉水的周围环绕着草地，泉水滋养着鲜嫩的植被，而树木则为它遮挡艳阳。那喀索斯躺在水边，打猎使他劳累，炎热使他疲惫。美景和清泉让他开颜，他想要止渴，但又产生了另一种渴望。饮尝泉水时，他迷恋上了自己的倒影，他爱上了这个虚无的幻影，又照了照自己的身姿，他在自己的影像前一动不动，出神陶醉：这简直就是一尊大理石雕塑。躺卧在草坪上，他注视着自己宛若星辰的双眸，他的秀发能与酒神巴克斯和太阳神阿波罗相媲美。他年少的面颊，象牙般光洁的脖颈，优雅可人的嘴唇，百合般的面色中透露着玫瑰色。他欣赏着这些让他欣赏的魅力。这可真是个冒失的人！他把自己的愿望全都讲给自己听；他所赞美的也正是他自己，他找寻他自己，他燃起的火焰消耗着他自己！无用的吻都送给了那迷惑人的水波！有时，他将双臂伸入水中想要触碰自己看到的衣领，但却亲吻不到自己的倒影！他不知自己看到的是什么，但他所看到的影子勾起了他爱的火焰；幻景激起他与日俱增的欲望[①]。"

[①]《变形记》(Les Métamorphoses)，《奥维德》(Ovide)，《第三卷》(livre III)，traduction de Gros, Garnier frères, 1866.

自恋首先具有保护功能：在我们的一生中，我们会像母亲在我们儿时那样照顾自己。这就会让我们与将自己置于危险境地或是自我摧毁的倾向做抗争。

自恋也是爱的条件：如果不爱自己，就不可能爱别人。我们会看到，自恋投射会对爱产生重要的影响：他人最让我们喜爱的地方，其实恰恰是我们想要让自己拥有的……因此，我们可能会回到"自恋"这个概念的最常见含义：在爱的过程中，我们只爱自己……但事实往往更复杂，我们再往下看。

正面的自恋是强烈而灵活的。如果一个人自我封闭，不再同外界交流，我们会认为这属于自恋病理。这也正是那喀索斯在拒绝了回声女神厄科的求爱后所获得的诅咒。

自恋其实也是二十世纪的常见病，而癔症则在十九世纪末盛行。

原初自我：超我，理想自我

自恋其实蕴含着自我存在的意味，使得人们可以对自己有所觉知并说出："我，我！"但也不局限于此。"我"是弗洛伊德精神结构中的一个组成。但在精神分析治疗中，我们则将此称为"三我（本我、自我、超我）之一"——可以参照心理特点图例。这种模式可以帮助我们理解心理过程的实际情况，仅此而已。我们可以说"我"是在随时随地触发的盲目冲动（包括最危险的情况）与精神心理现实之间的缓冲。"我"可以消化这些冲动，让它们不至于威胁主体的安全。在爱的过程中，"我"也是最重要的："我"可以抑制原始冲动，让它们接受规则，实现升华，也就是让这些冲动升华成有社会价值的有益之物。我们还可以把"我"视作是意识觉知：它的大部分工作都是在无意识中完成的。

没有成长了的"我"，就没有爱——这里的"爱"指的是一门复杂的艺术，将一个人与另一个人的渴望相结合，让双方得到满足。

有时，"我"的始祖会掌控住局面，这时我们就会更接近于情欲而非爱。我们将此称作"理想自我"，更明确地说，我们把这称为"原初自我"，因为这也是原初自恋的萌芽：是"我"的原基，征服、全能、母爱的主宰，不考虑任何现实情况，它想拥有一切……不能忍受任何沮丧，而这种沮丧要靠消灭敌人或彻底崩溃才能化解。我们也可以说，"原初自我"是母亲所钟爱、珍视的完美孩子。这个"我"还没有自我，这时的孩子还只是被用第三人称称呼："宝宝想要……"

有时，在情欲中，我们把爱的对象视作是奇妙的全能：通过投射机制，我们会把对自身的愿望赋予他/她，前者实现了我们假想的狂妄；我们赋予他/她所有的权力，也难怪最终总会有些失望……

"理想自我"和"超我"会在儿童成长的后期出现，同时伴随着恋母情结的消失。而恋母情结则会在我们对爱的思索、爱的缺失及爱的过剩中起到罗盘一般的作用。不过首要问题其实是：我们是否有情感的倾注？

恋母情结的第一个模式是父与子之间的矛盾①。我们知道，这种情况在儿子被要求遵守禁止乱伦的法律后得到解决：此后，他自己会放弃把母亲作为配偶的意愿，这并非受外界规则的压制，而是来自于主观意愿，来自于"超我"，即有一个声音大声地说："你不该这样做！"此外，这个声音还会夸大其词，就连很小的邪念、丝毫没有付诸实践的无意识幻想也要被斥责！"超我"严酷异常，甚至无须做坏事，只要动了念头便会有罪恶感——可谁不会产生这些念头呢？最常见的情况是罪恶感处于无意识状态，我们只能感受到一些表象症状：贬低自我、抑郁、想要自我惩罚……

在"爱"中，"超我"必定会检测出恋母情结出现前的所有征兆，并据此做出负面或禁止的审判：变态、心术不正、肮脏、乱伦……但没有人是完美的，所以也就没有人能够完完全全地克服恋母情结，这种情节在每个人身上都会有所残留……

如果继续俄狄浦斯的剧情：儿子不仅把法律内化了，他还拒绝杀人。他的父亲就不再是一位竞争对手，而是一个榜样。如果他能像父亲一样，就可以征服世界上的所有女性，唯独他母亲除外。同可能得到的收获相比，这终究不过是一个小小的牺牲！为了达到目标，他要做的就是获得父亲让他钦佩的那些优点。在将自己视为是父亲同一体的过程中，他或多或少地获得了这些优点。我们可以说，

---

① 那女孩们呢？机制其实差不多：在恋母的状态下，母亲既是竞争对手又是行为典范。有人认为脱离对父亲的爱会在一定持续时间内实现，而男孩则更快地脱离对母亲的爱，因为他害怕被父亲阉割；相反，女孩的先天条件致使阉割的说法不存在。一些精神分析学家则证明，女孩只有在同另一个男人达到性欲高潮后才能脱离对父亲的依恋。

"理想自我"能吸取各种优点。"理想自我"是一个对你说"你应该这样做！"的声音。不幸的是，在我们真实的状态和理想的期待之间总存在差距。有时，在对比这种理想自我时，我们甚至会完全地无动于衷。如果把标准定得太高，理想自我就会极为严酷。但与此同时，它又会给我们指引方向，告诉我们什么值得喜爱，什么值得做。

在世间遇见理想，这种不可能的构想却可以在恋爱的感觉中实现。我们会看到，这种冲击可以被理解为：将理想自我投射在恋爱对象上。恋爱对象由此被理想化，也被视为比我们自身更好，但这最终就会引发一些问题，我们会在之后进行探讨。

2

情欲的心理分析

*暴力与情欲的危害 － 愉悦与情欲 － 爱的情欲表现 － 情欲
的尽头 － 乱伦与情欲的心理分析 － 情欲的原初自恋*

我们平时讲到的"爱"常常同情欲（passion）有关。我们赞美它、
仰慕它，却对它的重要组成部分——"恨"，对与它有关的毁灭或
死亡缄口不言。人们倾向于忘记这个事实，法语中，"情欲（passion）"
其实源自于拉丁语"passio"，其含义有（被动地）承受痛苦、不适、
疾病……

暴力与情欲的危害

我们知道，如今，一切都与欲望有关。我们常常有强烈的欲念，
例如购物欲……同时，我们也会从中看到一种清教徒式的操控，它
企图平复所有欲念，剔除暴力、剔除对规范的轻视。情欲超越了寡淡，
反而被视作完美的典范。它同暴力一样，成了一种时尚。这是巧合吗？
情欲首先如游戏般，在虚拟中展开，我们因而可以像隔着荧屏一样，

不加约束、无罪恶感地沉湎于其中的各阶段。爱的情欲也是感觉和行动的暴行。

这一对暴力的辩护会让我们惊讶。只要看看这个世界，就能知道每天受其折磨的人，因战争而死的人，饿死的人，各年龄的死者……媒体、艺术、体育把对暴力的迷恋辩解为受公众品位的影响，它们要赚钱，要繁荣，但我们不能忽视它们所灌输的这种意识形态。

自创超人（Self-made superman）的神话将其成功归结于自身力量、智力、美貌，这些让他得以凌驾于法律之上。这一神话也是我们所熟知的文化领域的一部分，这一领域会对自由与无法无天竞争间的结合做出虚假的呈现，却美其名曰是为了人民的幸福。这便是现行的自由主义，也常常被形容成后自由主义或新自由主义。我们可以把这些都归于上文所描述的狂妄的或以自我为中心的原初自我。

企业文化也建立在这些错误的价值观之上：不惜一切代价竞争的价值观，无情打击对手的价值观。为了获胜，内心要有作战的信则。我们可以用法国精神分析学家克里斯朵夫·德儒（Christophe Dejours）的话来简要概括这些悠久的雄性价值观："毫无颤抖地体验痛苦并制造痛苦[①]。"暴力因而是有需求的。

---

① Christophe Dejours（克里斯朵夫·德儒），《法国之痛，社会不公的平凡化》（ *Souffrance en France. La banalisation de l'injustice sociale* ），法国门槛出版社（ Seuil ），1998.

愉悦与情欲

对于情欲的培养也是对愉悦（jouissance）的培养，这里的"愉悦"指的是精神分析治疗所赋予它的意义。它同统治我们这个时代的关键词完美一致，我们可以将之总结为：变得简单而自然、不思考、放手——无羁绊地愉悦！这便是自由制度下理想自我发出的关键指令。也是精神分析学家雅克·阿兰·米勒（Jacques Alain Miller）所谓的"更多愉悦专制"。

然而，愉悦（jouissance）同快乐（plaisir）也有所区别。愉悦指的是最接近原始冲动的纯粹状态：这种冲动表现为想要用最直接、快速的途径耗尽体内的一种张力。冲动会寻求自我消失，将其张力缩小到零。弗洛伊德说过，愉悦会"超越快乐的原则"，它追求的是回归瓦解和终止。冲动本是死亡的冲动。

但我们是可以使用语言的人类，我们可以解释一切。我们花时间使冲动偏离其最初的速率，使其可以为生活而非愉悦服务；经过一系列以法令为主要缘由的运作，我们让冲动屈服于"快乐的原则"，这里的快乐表现出平和的特性而不具备过多的张力。它会找到自己的临界，在恶、痛、丑的屏障前止步。而愉悦则可能意味着超越快乐，违背法律，挑战，甚至死亡的危险。愉悦会忽视快乐的维度，关注之前提到的原初自恋的自体情欲运作。

因此，在对于情欲的崇拜之中，自由制度想要唤醒我们身上最原始的特性、愉悦及暴力，也就是所有直至今日的文明想要教化的那些特性——但所使用的当然是或多或少令人感到愉悦的方式。由此而言，自由制度也有资格用"野蛮"形容。

爱的情欲表现

我们现在可以更好地理解情欲的表现。

我们知道，一切都由此开始："就是他/她！"这便是新世界的创世大爆炸，一见钟情引发了身体和情绪的重组。绝对的恍惚与欣喜，彻彻底底地陶醉。在神话传说中，爱的情欲通常在春药或魔法药水的作用下产生，它仿佛是一种我们无所防御的有毒物质。它所营造的极乐世界是虚假的吗？恋爱的人们才不管这些，他们沉浸在迷惑和愉悦之中，其他的一切都不重要。

爱人的在场是必不可少的。他/她的缺席会引发思念的症状：爱人就像是一种毒药！为了缓和离别的痛苦，缓和离别造成的空缺，爱恋的人①会受一个挥之不去的念头所折磨：他/她的想法不再属于自己，他/她只想着自己的爱人，细数他/她所有的优点，因为他/她拥有各种的优点，就连缺点都是可爱的。地球上要真的存在如此完美的人，那肯定是魔法使然。遇上他/她就是上帝的礼物，这是给为数不多的男女主角预留地馈赠。我们的喜悦已经超脱了凡尘！

奇怪的是，这种全方位的自我剥夺成了一种乐趣。就连这种人格解体所引发的痛苦也成了幸福地颤动。

想要成为另一个人的需要是纯粹的，一个人成为另一个人，一

_____

① 指付出爱的一方，可以是男方，也可以是女方。

个人与另一个人相交织，我们寻求完全的融合。我们相信能够做到，我们几乎实现了……却不完全实现……于是重新来过……

情欲的尽头

在情欲之中，我们都需要爱的对象；这个理想化的对象对于我们来说是善，是慷慨，是爱。也就是说我们从他/她那里期盼一切，他/她就是一切，他/她不能让我们失望。如果他/她离开了，我们也就不存在了，我们会因缺爱而死。对此，我们的要求绝对苛刻。

我们情欲的对象不应该"走下神坛"，而应当满足我们的千万个要求，永远不忽视我们，更不会忘记我们，当然也绝不能欺骗我们。他/她应当为属于我们而感到幸福，不再想其他事。他/她的任何缺失都会引发我们的绝对愤恨，这使我们惊讶，却也能被我们所理解：我们的存在受到了威胁，生命攸关！

可惜的是，随着时间的推移，我们不得不承认：爱的对象并非如我们之前想象得那样完美，她/他并不能时时刻刻满足我们的期待。或者更糟糕的是：在内心深处，他/她其实可以是完美的，但他/她并不想承认，故意摧毁了一切！于是，爱与恨的更迭产生了，消耗着伴侣们。一会儿是世界末日，一会儿又重新回到了天堂……不过我们现在知道，这种情况持续的时间并不长。

然而当自尊心苏醒后：爱恋的人付出了一切，牺牲了一切，恋爱的对象便是一切，而自己却变得微不足道！想到自己所做的一切，他/她于是又想重新成为自己！然而，无论如何，面对如此完美的恋爱对象就无法有自我的存在。两个人就像是两只连通在一起、盛了水的瓶子（这也是一种此消彼长的融合模式）：如果我想要抬高自己，就要削弱另一边。要想自我存在，就要批判情欲的对象，对其"去理想化"：要摧毁他 / 她。关于自我的斗争由此展开……

很快，爱恋的人会感觉到怨恨的最初征兆。他们中最聪明的那些人会隐约看到可行的出路：离开天堂乐园。要想与这一结果抗争，还有一个办法：把渴望和愉悦坚持到底。所有的故事都对我们说：爱恋的人为爱而死。现在的电影表现的也是如此。在日本导演大岛渚的影片《感官世界》中，女主角在情人的要求下将他勒死并将他阉割后，在他的胸口上写下："定吉二人终于在一起了。"事实上，情欲中的恋爱者知道，完美且终极的结合是不可能的，只有靠死亡才能实现。这就是我们之前所描述的情欲的法则。

这种致命的出路很罕见，同情感犯罪一样罕见。大部分的恋人在看到危险后，更倾向于从正在行驶的火车上跳下来，些许受伤地离开，之后靠遗忘完成剩下的工作，最后感叹："我们本该经历一个美丽的爱情故事！"

处于情欲之中恋人并不想弄明白究竟发生了什么：只要享受就已经足够。

乱伦与情欲的心理分析

我们是注定不会被这一甜蜜而可怕的痛苦所侵害的人，让我们来试着做出分析。

我们注意到，有时候，在第一次相遇或之后的相遇中，恋人们会因一种新的体验而感到错愕。这也是一段心理重组的时期：至此为止，想象和现实平分秋色。然而，一切都变模糊了，想象和现实的界限消失了："不可能"就真真切切地出现了！当事者在现实生活中遇到了他/她所幻想的对象。至少他/她这么认为。我们因而可以注意到，这时人们就接近了一种幻象，从外部世界感受到了内部的体验。这就涉及了心理投射机制①。这就是为什么，在情欲之中，遇到爱的对象从来不是认识一个陌生人，而是在无意识的情况下辨认出我们所熟悉的……也就是说，恋爱的对象成了投射的载体，而不是具有相异性的他者。

这种投射是如何作用的？通过相邻性：现实中的人同想象中无意识的人物有共同点，而这个想象中的人物正是爱恋者长久以来所爱慕的：这可能仅仅是一些微小的特征，例如声音、眼神中的某种特质，某种行为做派。只要具备这样的一个特色，就能够实现复制：就是他/她，我认出来了！这种机制在很大程度上运作于无意识之中，因而更难避免。如果恋爱中的人完全靠幻想行事，就会觉察到投射的影子。但他其实可以有更好的选择。

化解了恋母情结的男女不一定会了解情欲。他们完全改变了爱的对象，对他们的父亲和母亲保留了不含欲念的温情。然而，这种人可能并不多！很多人都没有完全摒弃儿时的爱欲。这种情感被抑制、被超越，就像是灰烬之中的火星。

---

① 投射使得当事人驱逐自我，将情感、渴望和优点转移至他者。

遇到一个在潜意识中触发儿时情欲的人，游戏就又重新开始了。但这次不会为难或压抑，因为关联性没有被觉察。从过去到现在，客体被取代也揭示出一种无意识的诡计，我们似乎终于体验了乱伦的关系，但这次是完全无害的！我们对此一无所知，却也一点都不想了解。就像是对于俄狄浦斯，我们是不是可以说：他也一样，他并不知道他杀死的是自己的父亲，爱上的是自己的母亲。

然而，对于那些愿意仔细观察的人，这种"无知"其实有迹可循。情欲总具有侵犯性，爱比法则更重要，爱恋的人就是英雄！正如我们的神话传说所记载的那样，恋爱的人会违反法则：特里斯坦和伊索尔德①违背了父系、配偶间的法则，而罗密欧与朱丽叶则打破了家族的法则。

情欲的"绝对"特性也同样是一个危险讯号。可又有谁想要听见呢？这种"绝对"就是强烈欲望所具备的属性，它超越了所有缺失，可以忽视所有的限制。因为在情欲之中，胜利依靠的就是这种感觉：终于不缺什么了，什么都不缺了，都完满充盈了！这种满足的征兆让我们回想起婴儿的口欲期……

---

① 特里斯坦与伊索尔德的故事来源于中世纪的凯尔特传说。圆桌骑士特里斯坦护送爱尔兰的伊索尔德乘船前往英格兰康沃尔郡嫁给他的叔叔马克。航行途中，伊索尔德与特里斯坦误喝了别人为她与马克准备的催情药。药的魔力使得伊索尔德与特里斯坦永远地爱上了对方。后来，马克发现了侄子与妻子的奸情，将侄子赶出宫廷（也有版本说骑士被叔叔杀死），特里斯坦去世后，伊索尔德也悲伤而死。——译者注

乱伦

乱伦的危险气息会让绝大多数人害怕（但也会让一些想要"解放"的性反常者感到欣喜）。我们有必要理解这个词在精神分析中的意义。

在人类学研究中，乱伦的概念与我们通常的理解相近，指的是有亲缘关系的两个人之间产生的性关系。这种关系被法律定义，但也根据地域和时代有所变化。在中世纪，同远方表亲发生关系被视为乱伦，但在今天的很多国家，一代表亲之间的通婚是完全合法的。

在精神分析研究中，一代乱伦指的是同母亲的关系：指的是同她在一起所获得的快乐。其他的乱伦由此产生。但这里提到的快乐并不是指交媾：乱伦的快感也并不仅仅局限于性，而在于回归母亲，与之融合，将其再现——乱伦的幻想其实就是回归那扇让我们从无变有的门。由此而言，寻求乱伦的快感其实就是寻求灭亡。

而对于女孩来说，父亲便替代母亲成了乱伦的对象，与她相联结。法国人类学家弗朗索瓦兹·埃希提耶 [①]（Françoise Héritier）认为，我们可以提出"第二类乱伦"的概念，指的是

---

① Françoise Héritier, Boris Cyrulnik, Aldo Naouri 著，《论乱伦》（De l'inceste），coll. *Poches*, Odile Jacob, 2000.

父亲因为其临近性而成了母女共同的性对象，在他的调停下，母女得以获得"性"接触。是不是出于这个原因，通过父亲乱伦的母女常常回避事实真相？

所以，在精神分析中，既然我们是有欲望、有语言的人类，所有具有乱伦含义的行为就都是乱伦，而不仅仅指可以观察得到的性行为。乱伦其实是身体上的，更是心理上的。这就是为什么我们也要谈论"乱伦性"。根据法国心理分析学家保罗 - 克劳德·拉卡米耶[①]（Paul-Claude Racamier）的说法，乱伦性指不具备乱伦行为，却具有乱伦含义。一个人看到自己漂亮的女儿而表现出过分的喜悦，这不是乱伦，却具有乱伦性。

情欲的原初自恋

婴儿和母亲的关系就是情欲关系的范例，男女通用。我们能从中找到原初自恋所描述的所有信号。

首先是融合。我们把爱的对象称作"我的心肝""我的生命"：对于男性或女性来说，这里指的就是慷慨的母腹，没了它我们都没法活下去。它是我们的一部分。它不用说话，但我们能够感受到它。在此情况下，情欲在生命初生时，甚至是在我们还是胎儿时就找到了身体的融合。

[①] Paul-Claude Racamier 著，《乱伦及乱伦性》（*L'Inceste et l'incestuel*），Collège de psychanalyse, 1995.

　　这种倒退让我们得以脱离客体关系，或者说能够明显区别主体和客体。我们重新找回了原初官能：所爱恋的母腹就在这里，这就是天堂，如果它不见了，那就是世界末日。也就是说，爱欲者会根据梅兰妮·克莱恩的客体分裂逻辑行事，他们会在爱与恨之间摇摆。"好乳房"便是爱，即爱的对象如我们所爱，这便是天堂般的愉悦。如果有所缺失，便是毁灭之源，也就是"坏乳房"，引发绝对的恨，它会往复作用：首先，我恨爱的对象，我想要摧毁他/她，但我也会把恨投射给爱的对象——我感觉他/她会威胁我，所以要摧毁他/她……这也是我们在被爱幻想症中所观察到的心理机制。在情欲之中，这种可怕的机制会受镜面关系的影响而加速发展：自我感觉到恨，说明爱的对象也怨恨我，因为他/她失去了自己爱的对象……这种形势一触即发！

　　爱欲者返回原初心理机制的另一个迹象是：原初自我恋己欲的胜利。爱的对象被崇拜，他/她就是世上最好的那个人——就像我们曾经是自己母亲眼中的完美孩子。他/她什么都能做，什么都知道，对于爱恋者来说是全能的。但这种自我形象存在于想象之中，所以显得不堪一击，因为它完全依附于情人的目光。

　　此外，如果爱的对象占据了爱恋者原初自我的地位，就意味着爱恋者将其原初自我投射到了爱的对象身上。也就是说他/她为了爱的对象而分化了自我：注视着爱的对象，自己则显得微不足道。这种剥夺放弃同原初自我一样危险，我们能看得到，这就是一种专制。这就是为什么爱恋者认为自己有义务变得卑微而顺从——没有了爱的对象，他/她就什么也不是，这就是为什么他/她接受让自己服从对方的所有要求："把我变成你想要的样子！"他／她这样说。这里存在某种受虐的快感，但要适可而止！如果爱的对象滥用其身份（我们要承认这确实很有可能！），恨就会产生！

　　情欲也是疯狂的爱情……因为在情欲中也有疯狂之处。它重新出现在我们的这个时代，而我们每个人都按照近乎精神病的机制行事：融合，投射，将想象与现实混淆，全能，忽视法令，绝对愉悦与绝对恐惧。

3

爱

爱即缺失 - 按规则爱

有时，情欲并不会注定消亡，它也会转化成爱。不过，大部分的爱以情欲期开端，这段时期很难被完全遗忘，会被持续视为是相遇的重要时刻，这也是我们柔情回顾的美丽幻象，会在渴望时加以温习。

爱即缺失

区别爱与情欲有一个关键点：爱按照它自己的形式存在着，就像一个一直做自己而从不改变的人。无论如何亲密，他／她仍是一个谜，但在情欲之中，他／她则是我投射的对象，一旦有所背离就会引发灾难。

在爱之中，区别则是巨大的，会在两性区别的基础上产生发展与分歧，两性区别（对于同性恋也适用）是其他区别的根源。对于区别的认同及加工便是快乐的动机。而情欲则要求融合，企图达到无差别状态。在情欲之中，性别差异发挥次要作用，每位伴侣其实都在以自己的方式、以对方为媒介，获得自体性欲的满足。

激情关注的是完满，而爱的主旋律则是缺失。缺失是因为他/她身上的某种特质是无法被理解的，他/她是不完美的！也就是说，爱人接受对方不完全符合自己的投射这一事实。同样地，他/她接受自己不是恋爱对象的全部：他/她不会进入那种同母亲构建的极乐关系，而在这种关系中，母亲会让他/她觉得自己就是母亲的一切。

爱人接受同他/她之间不完美的性快感：即使爱人之间重新开始情欲愉悦的游戏，他们也知道这只是游戏，确实很吸引人，但终究是游戏。他们靠幻想游戏，但知道将幻想与现实相区别。因此，爱更接近快乐（plaisir）而非愉悦（jouissance）（前文区别了两者的不同）。

爱人不会让自己的欲望变为主宰去侵犯对方，因为他/她知道这是不可能的。他/她知道自己的欲望依赖于对方的欲望，他/她接受对方的法则。而情欲之中的人们则不能忍受恋爱对象的任何自主意图。更糟糕的是，他/她其实知道尝试对恋爱对象进行任何控制都会损害对方的完整性：他/她这样做了，虽然他/她知道自己做得不对，知道自己正在破坏自己爱的人。

按规则爱

如何理解爱与情欲的区别？爱之中的情侣会接受阉割，也就是说限制自我的全能型，而这一点是情欲中的人所忽略的。

在精神分析中，第一次阉割为"原初阉割"，在俄狄浦斯阉割之前。原初阉割使我们意识到自己并非全能。直到三岁左右（因人而异），男孩和女孩之间的区别并没有意义：同穿着、发型、父母对男孩女孩的定义等因素有关。直到有一天，人体构造的区别会产生意义，首先以男性形式体现：是否有生殖器。之后，小女孩得知自己有能力在肚子里生出孩子，但却又不能仅靠自己实现……同样，男孩也要通过女孩才能有孩子。男孩女孩于此发觉了孕育中的性别角色：要想繁衍，需要异性。这就是我们的全能意志碰到的一个实实在在的界限！我们不能靠自己实现一切。这有些让人受不了，损害了我们的自由性，而我们想从中解放出来……事实上，我们已经做出了尝试，从常见的中性风到概念性的酷儿（queer①）理论，还有极具科学性的研究：我们知道科学技术很快就可以弥补这个不足——在不久的将来，我们可以通过克隆自我繁殖、复制！我们将能够摆脱掉这个讨厌的性别固化阉割……"阉割"（castration）这个词起源于拉丁词 seco，意思是"截去"：这就说明了一切！人们长时间以来认为女孩是被阉割了的。今天，我们认为男孩也有所缺失：他们没有可以在腹中孕育孩子的性器官，而这是他们所有人在年幼时所期待的。

与此同时，性别差异会让我们接受差异性：在对方身上，总有

---

① queer（酷儿）通常被用来形容同性恋者，或同性恋相关族群。"酷儿"这一概念作为对一个社会群体的指称，包括了所有与父权社会性别规范或性规范不符的人，酷儿理论的根基是女性主义。"酷儿"概念指的是男权文化中所有的非常态表达方式。——译者注

一些我们想不到也理解不了的不同之处，这既让我们担忧，又吸引着我们。种族主义者所排斥的正是这种差异性，说到底，种族主义者不接受性别差异。对他者的定义由此建立，无论爱的对象是同性恋还是异性恋。

在情欲之中，性别的不同也一样被绝对融合的幻想所否定：性关系并不仅仅是存在于两个不同人之间的联结，它的目标是消除两者的不同。

第二次阉割来自于俄狄浦斯情结的分解。发现了性别特征后，与母亲的关心也产生了新的意义：孩子想要和母亲有孩子。我们知道男孩会被父亲禁止。父亲提出阻止后，不会建立一个强制关系并在其中施加其个人意志，但他会对他的儿子提出规定：他自己也没有和母亲结婚……在理解了这个规则后，儿子放弃了对母亲的想法，让自己同父亲一样：同父亲一样，他会爱上女人，一个女人，一个取代他母亲的女人。这个女人并不会阻碍他想到自己的母亲，但由于距离遥远，他很难把两者混淆。

因此，男孩们很容易从一个女人转向另一个女人……但这对于女孩来说就复杂多了！在发现了性别后，她会转向全能、有爱的母亲，认为母亲会给女孩她所缺少的"阴茎"。但令她们失望的是：母亲也没有这个东西！于是女孩改变了爱的对象：她转向父亲，父亲会给她一个孩子。父亲则会对女孩解释（在最理想状态下）：他没能娶到自己的母亲，也不会娶自己的女儿……对于女孩来说，爱的对象提出了禁止；但对于男孩来说，一边是自己渴望的母亲，另一边是下禁令的父亲。男孩要面对父亲的法则，而女孩则会试着破坏法则。

她最后也会接受法则，爱上父亲以外的另一个男性，这位男性也会让她想到自己的父亲，但会隔着很远的距离……我们会说，正是在这时，理想自我和超我得以构建，而理想自我和超我正是内在规则的两个矛盾面：可以做、可以想的；被禁止做、被禁止想的[①]。

在爱和情欲中，爱的对象均被理想化，但实现的方式不同。我们看到在情欲之中，投射的是原始、专制的自我：原初自我。但在爱之中，爱的对象占据了理想自我的位置，也就是我们想要成为的样子，是我们内化的典范。这就是为什么在爱和善之间并无矛盾，在爱中体验到的快乐也是好的，不具有情欲所具备屈服与违反的双重特性。

如果爱恋者的理想自我过于苛刻，以至于他 / 她认为自己永远不可能实现，他 / 她就也可能把爱恋的对象看得过于苛刻，同其爱恋对象的卓越优点相比，自己一无是处。在情欲之中，爱恋者则可能会反抗，试图给恋爱对象去理想化（想象一下吵架时伴侣间的相互指责……）如果爱恋者的理想自我是平衡的，他 / 她就会乐于寻找恋爱对象品性、审美的优点，而不是对恋爱对象做出完全理想化的判断。所以，作用于差异性的恋已平衡可以在伴侣间建立：一个人在这些方面好，另一个人在那些方面好……

俄狄浦斯规则同样封印了"欲望"的范围，将其与"需求"的范围划清了界限。需求与情欲中愉悦引发的"晕厥（sidération）"

---

① 在此，我们描述的是最常见的情况。没有谈到俄狄浦斯倒错之类的例子：女孩想成为父亲的妻子，或是母亲的丈夫。这也能在一定程度上解释同性恋的选择。

相联系：一切都在那里，我们可以说整个星空的繁星都在那里——因为从词源学上来讲，sidéré 指的是心在繁星之中（来自拉丁语 sidus，意思是：星星，繁星）。于是，一切都满足了，没什么要说的，没什么要想的。身体的需求引发情感（作用于乳儿的口欲阶段），但没有任何想象。

渴望（désir）这个词中的"dé"是个否定前缀：我们 désidéré，意思就是我们失去了那些美丽的繁星。我们甚至可以补充：一旦禁止乱伦的法令得以内化，我们就不会再将它找回！原初满足的第一个源头丢失了，这一缺失引发了心理转化：幻想能够寻回曾经的满足，想要找到一些想法理解这种缺失……因此，眼前的爱的对象就会让人想起失去的爱的对象，但前者永远不能代替后者：在寻找满足的过程中，渴望靠缺失而获得满足，我们停留在快乐[①]的层面。

因此，我们可以说，如果情欲是爱人承受或表现出的一种暴力，爱则是一门将爱恋者与爱的对象、将幻想与现实、将失去的与眼前拥有的相融合的艺术，是一门将情欲原始冲动与爱的需求相融合的艺术。这一切都是为了维护或创造缺失，为了渴望得以存续或重新回来……

---

① 这里按照之前章节中对愉悦（jouissance）和快乐（plaisir）的区别理解。

第二部分

个体成长中的爱与爱的缺失

想要克服爱缺失所带来的痛苦，就需要理解缺失的起源。人们会感受到痛苦的强度，而无价值感则并不仅仅源自于当前的事件。我们可以找到证据：面对同一个事件，不同的人会有不同的应对方式。有的人崩溃昏厥，有的人迎难直上。所以，是成长过程中构建的个人行为使我们做出应对。

我的韧性，你的韧性……

可以说，我们提到的韧性是芦苇的能力，橡树则不具备。这个词其实首先被用于描述金属的韧性；也就是说挤压或扭曲后能够恢复原形的能力。

这一概念获得了很大的成功，这可能是因为它所暗含的希望意味。我们不仅在心理学领域提到"韧性"，在生物学、航空学、经济和政治等领域也同样如此。事实上："韧性"让人想到，无论经历了何种创伤，我们总能走出来；我们比我们想象得更有能力……从这里引申出：我们可以克服任何困难，跨越任何关口！

除了具有科学概念外，"韧性"已经成了消除求助想法的合理观念：受害者独自走出困境其实更好，在帮助他们的同时，我们使他们陷入被动状态；对于失业者也是如此，我们对他们保护过度……由此推断，所有能让我们或多或少想到国家保障援助的，都是有害的。

在只依靠自己力量做出行动的时候，人们会对自己有更积极的自我评估。然而，如果忽视了那些没办法靠自己实现重建的人，这种说法就显得有害了，在极力推崇那些自我实现人物的同时，为放弃团结互助提供了辩解。在一些企业和家庭中甚至如此对"韧性"进行滥用：我们怎么对待他人都可以，因为他们自己有能力自我恢复……就像民间智慧所说的那样："他会好起来的！"

最初被使用时，"韧性"还没有被预示着如此糟糕的未来。

心理学家沃纳（Werner）和史密斯（Smith）曾在 1939 至 1945 年期间对夏威夷一个小岛上的流浪儿进行研究，并最早提出了"韧性"的概念。对七百名儿童追踪研究了三十年后，他们找到了其中的 200 位已经成年的孩子。考虑到他们儿时经历过贫困、饥饿、侵犯、暴力、为了谋生而犯罪，心理学者们预计他们的现状会很糟糕。然而令研究者惊讶的是：他们中四分之一的孩子克服了自己的创伤，学会了读书写字，并且成家立业。对他们成长进行的研究表明，这些孩子都在很小的时候获得过爱。或许，他们因此得以通过积极的内核重建自我。法国心理学家鲍里斯·西瑞尼克（Boris Cyrulnik）重新采用了这一概念，并将之在法国推广[①]。鲍里斯·西瑞尼克补充说明：有韧性的人通常都具有将创伤说出来或写出来的能力，有时还会将其加工成艺术作品。

两个关键点有利于培养"韧性"：曾经经历过的幸福，以及将创伤表达出来。这两点并不会让精神分析学家感到意外：每个病人

---

① Boris Cyrulnik（鲍里斯·西瑞尼克），Gérard Jorland（吉哈·乔尔朗德），《韧性的基本知识》（*Résilience. Connaissances de base*），Odile Jacob, 2012.

都会这样做，他们回顾自己的故事，将其表达出来。

这就是我们在这一章中要探讨的。当然，我们会采取较为普遍的方式，而非针对每位读者的独特性。所以读者会形成自己的个人解读！

在我们生命的每个阶段，哪些爱的担保或爱的缺失会促进或损害个人发展？哪些又会对自发韧性产生作用？

4

出生前即被爱

孩子的出世要有两代人的期盼－孕育－失态后得到的孩
子－消失的父亲－通奸生下的孩子－母亲去世或失踪－
父亲去世－作为替代品的孩子－在兄弟姐妹中的地位－
母亲的怀孕体验

孩子出生之时，条件与环境已经决定了孩子是否被爱及被爱的
程度。

同本书之后的内容一样，我们这里的一些内容有时会显得决断、
尖刻。为了清晰明确，我们先快点进入基本概念甚至是图解之中。
每个人的真实性都是复杂多变且特别的！我们在这里要提出来的，
其实是地图而不是疆域：一些标记可以帮助我们在爱的领域自我定
位，这样也更为实际。

孩子的出世要有两代人的期盼

期盼孩子的出世是今后爱孩子的保证。但爱人们对孩子的渴望
来自哪里？这种期盼很早就在孩子身上构建，取决于孩子与父母的

同一性，也取决于孩子摆脱俄狄浦斯期的方式。

对于女性来说，对孩子的渴望首先根植于她与母亲之间的关系。一些针对不孕不育女子的临床记录使得我们找到了这一关系中的一些关键点①。我们知道，有时，女性不孕并非因为无生殖能力。从生理上看，她的恋人也"没有问题"，但他们却一直没有孩子……这些临床记录让我们看到，一些家长在儿时遭遇的负面条件使得他们不想要孩子。相反，一些正面条件构成的"史前"因素则促使父母爱他们的孩子。临床记录也证明这一问题会受隔代影响：家长爱孩子的方式受他们与自己父母间关系的影响。我们甚至注意到祖母同其母亲的关系常常会使情况更明了。不过，虽然这些特征会存在于不孕不育的病例中，但也并不会必然导致不孕。

第一个发现：心理上不孕的女性，其母亲也通常不太女性化；也就是说她完全靠自己生活，几乎不需要男人，也不把父亲作为爱的对象。虽然女孩不能像女儿渴望父亲那样将自己与母亲视为同一。她仍然靠无意识的同性恋关联依赖于母亲原始而强有力的形象。我们或许可以说，她感觉自己被母亲入侵了。如果她想要获得相对的独立，就要攻击母亲。她不能接受女性的被动，因为这只会让她无意识地屈服于让她感觉全能的母亲。她通常会选择采取"伪男性"的态度，拒绝自己的女性欲望。

她想要通过成为母亲而结束自己作为女儿的身份，但她没有俄

---

① 可重点参见：Sylvie Faure-Pragier（希尔薇·福尔 - 普拉吉），《女性性征及对孩子的渴望》（*Sexualité féminine et Désir d'enfant*），网址：http://www.societe-psychanalytique-de-paris.net.

狄浦斯情结（我们之前提到过：父亲被弱化），在其无意识的幻想中，
她同自己的母亲拥有孩子：但她的身体对此是拒绝的。

　　拒绝怀孕也表明了心理特点所发挥的作用，这次是对怀孕而非
生殖力有影响。我们遇到过这种不可思议却又真实存在的情况：一
位女士觉得肚子疼。是阑尾炎吗？医生诊断后告诉她没什么问题……
但没指明她已经怀孕六个月了！三个月后，她觉得自己是消化不良
而肚子疼，之后在家里生产了。同我们想象的相反，这些女性在心
理上不想要怀孕，但这并不意味着她们有神经方面的疾病。无意识
地拒绝要孩子源于因人而异的个体创伤。

　　对于男人来说，潜意识里对孩子的渴望也是在童年时形成的。
这开始于他还是小男孩的时候，他也想像妈妈一样在肚子里孕育孩
子；在俄狄浦斯情结出现时期，这种渴望在他将自己与父亲视为同
一后被抑制[1]。在无意识的幻想中，性从来都与孕育相关联：做爱就
是造人。这就是为什么我们能够理解男性常常会因为不孕不育而阳
痿。同时，孕育对于男人来说则更具有象征性：生孩子是为了传承。
同男性相比，母亲则会看到更多的情欲。

孕育

　　孩子在出生前就被爱。孩子在一个女人对这个男人的爱中逐渐

---

　　[1] 当这种认同完全形成后：我在这里提到的是最常见的情况。俄狄浦斯倒
错在所有人身上都会出现，指的是人们把自己认同为异性父母。但这种倒错通常
是从属性的，不会发挥太多作用。

变得清晰，她想同他拥有一个孩子；在男人对女人的爱中，孩子也先是在想象中被渴望的。将要出生的孩子受益于这种氛围。孕育孩子的伴侣之间的爱是孩子将要体会到的自爱的起源。

如今，受孕可以由医学控制，生孩子①与生育决定相关；有时甚至可以制造孩子。也就是说，人们可以合理地做出决定却无须心理上的渴望作为支持：准妈妈的年龄，能取得的职位等。在避孕手段出现之前，潜意识中，一个孩子的"降生"是被期待的。由于无法掌控孩子的出生，人们将孩子视为上天的礼物，而非计划的产物。从某种方式来看，孩子被"强加"于父母，突然具有了特殊的存在，而这也并非是孩子决定的。因此，对于孩子的期待是受很多条件影响的。

生孩子，不做爱！

雅克·泰斯塔德（Jacques Testard②）是创立试管授精的先驱，他在不自知的情况下成了无法控制局面的事端制造者。他在自己的发明成功之后开始动摇、担心：这一发明超越了他"治疗"的初衷，被一些"社会因素"介入，医学过渡到了优生学。未来，我们每个人都可以拥有一个"正常"的孩子，也就是说符合我们

---

① 这里说的"生"孩子意思是"生产"，照应了小孩子对孕育的理解：我们以前都以为孩子是从肛门里出来的。

② Jacques Testard（雅克·泰斯塔德），《对医学援助生育的再思考》（*Repenser la procréation médicale assistée*），《法国世界外交论衡》（*Le Monde diplomatique*），第721期，2014年4月.

所有愿望的孩子：眼睛、头发的颜色，性别，等等。科幻有一天会变为现实，这当然也"多亏了科技进步"：所有孩子都会在试管中被孕育，胎儿在人工环境下成长，这当然也为母亲们免除了痛苦。我们还可以在将卵子、精子存入"银行"后让自己绝育。更好的则是我们可以再生自我："人类可以繁育出同自己完全一样的后代，而无须让伴侣的基因'污染'自己的基因。"他说。

用匿名者的精子或卵子生育已经是一种拒绝他者的方式了。自我繁殖则会是自恋主义的胜利。在雅克·泰斯塔德（Jacques Testard）看来，这一行为性的革命将与新自由主义观点完美匹配。他指出：个人成为生育消费者，其自主性将与严格的生育控制相结合，由"同情却具有支配性"的生物医学实现，政治决策者将其付诸实践。从某种意义上来说，"这是最好的世界"！

最后，人们会节制欲望和爱情关系，因为每个人都知道，它们太善变了。

我们还要补充一点：因意外而出生的孩子，甚至是强奸生下的孩子也并不一定是在潜意识里被排斥的孩子。弗朗索瓦兹·多尔多（Françoise Dolto）指出，如果没有流产，就说明母亲潜意识里想要这个孩子，想要让这个孩子存活下来。虽然在这里我们看到了强调生命力量的治疗策略，但这种说法也并不是错的！同不孕不育一样，很多流产都是心理因素的结果。所以，还是要关注潜意识中的欲望。

如果我们想要调查那些决定我们出生的欲望，我们不应该关注与那些被公开表露的感情，因为这些感情通常是在家族中流传的故事。要寻找的是被藏匿、被隐含的东西。我们知道孩子的孕育也通常是家庭的秘密！

我们一起来审视一下家长常常会有的那些秘密动机，不过他们通常对这些动机并无意识。

失恋后得到的孩子

有时，男性或女性会为了从刻骨铭心的失恋中走出来而结婚。我们因此会提出疑问：和谁结婚，在潜意识的欲望中，孩子是否被孕育？和配偶，还是和理想情人？这种情况对孩子的爱会产生什么影响？孩子会从母亲那里得到一个隐含的信息：你（真正的）父亲并不是你（渴望的）父亲。这可能会让人变成疯子，也可能让人变成天才！毕竟，这也是圣母玛利亚该向儿子耶稣传达的信息。离我们更近且更真实的，是法国哲学家路易·阿尔都塞（Louis Althusser）的例子。他的母亲爱着一位叫作路易的男子，但这名男子在 1914 年至 1918 年的第一次世界大战中被杀。母亲同路易的兄弟结婚，并给孩子取名为……路易！在其回忆录中，哲学家路易讲述了自己有多么讨厌这个名字。按照精神分析法，他在这个名字中看到了他母亲对他父亲的兄弟，那个她爱了一辈子的人的承诺；也看到了自己的那个在战争中死去的叔叔（伯伯），而自己正是前者渴望拥有的孩子……我们都知道，路易·阿尔都塞最后在一所精神病医院里去世。

消失的父亲

另一种常见的情况就是父亲的缺失。男方在让女方怀孕后消失……他离开的原因可以有很多。但无论男性是否承认其爱情行为，这对于孩子来说都是一种爱的缺失。如果事件没有被解释说明，就会成为孩子心理上的空洞，即使在他成年后也是如此。我们可以把这个空洞比作为一种残疾：孩子就像是少了一条胳膊或是少了一条腿。所以，在合适的时候，母亲一定要说出生育孩子时的情况。

我们通常会在这时带着大家回顾一个被遗忘的差别：除非将人类理解为跟其他动物一样，否则，我们不会将"亲本父（精子提供者）"与"父亲"相混淆。父亲之所以成为父亲，是因为他承认了自己的孩子：父亲身份首先是一个象征性行为。这就是为什么至少要区别精子供应者与父亲的概念（"生物学意义上的父亲"这一说法被篡改，我们更倾向于使用"亲本父"这种说法）。父亲是教育、抚养、疼爱孩子的那个人，他会传达给孩子文化、理想、生活方式……姓氏（多数情况下）以及象征性的亲子关系。弗朗索瓦兹·多尔多则用"父亲"与"爸爸"两个概念加以区分。父亲指的是孩子生物学上的起源，爸爸指的是赋予孩子人情味的那个人。她的这种区分当然也可取。

继父的接纳

一年之后，罗伯特给他取了名字……

两年后的一个晚上，罗伯特被一个捉摸不定的念头驱使着，决定去学校接他。孩子出其不意地用纯真的声音对他说："爸爸！"这是个空落落而无意义的词语。孩子并没有细想这话，只是注意到男人听到后像是被击了一拳，仿佛是呼吸困难引发的昏厥，但仅此而已，他的嘴里没有发出任何声音。他们牵着手，沉默地走在狄德罗路的人行道上，淹没在其他孩子和家长中间，淹没在欢笑的喧嚣中……还需要几星期、几个月，他也记不得还要多久，才能让这个词语平复下来，找到属于它的脉搏和神经。但此时此刻，彼此的接纳已经达成，但还需要小心和观望的态度。[①]

通奸生下的孩子

还有一种情况是通奸生下的孩子。之前，丈夫被认为是父亲。但自从司法将亲缘与权利相结合之后，就可能引发对于亲子关系的调查（更类似于对于亲本父亲的调查！），基因分析可以将父亲身份转移至一位情人，从而免除丈夫扮演的父亲角色。

孩子从来不会被秘密彻底瞒骗，他/她总会察觉到一些东西。

---

① 节选自 Luc lang（吕克·朗），《母亲》（Mother），stock 出版社，2012 年。

即使没有被告知实情，他 / 她也会觉得自己处于一种虚假的境遇之中，一切都显得不对劲……母亲如果对孩子隐瞒一些东西，孩子就会觉得她总是对自己撒谎。如果孩子有一天知道了实情，他 / 她与母亲的关联会被打破，他 / 她会觉得自己之前经历的生活都是错误、无意义且无价值的。

母亲去世或失踪

法国作家、诗人钱拉·德·奈瓦尔（Gérard de Nerval）曾说过，不幸自他 1808 年出生后便开始哺育他。他的母亲在他两岁时去世。她跟随在莱茵军队做军医的丈夫来到遥远的西里西亚平原，在那里死去：^①

> 我唯一的星星死去了，我布满繁星的诗琴
> 　带来了忧郁的黑色太阳。

我们知道，奈瓦尔是个忧郁的人，以至于在四十七岁时就结束了自己的生命。

如果失去的母亲没有被另一个可以照顾孩子的"妈妈"所代替，孩子就没有能力为自己"内化"一个好母亲的形象。他 / 她因此会有很多困难构建起一个足够好的现实。对主体的构建是空洞的，或是围绕着一个他 / 她什么也不能说、什么也不能想的空白所构建，

---

①　《无属者》，《幻象集》，1854 年。

这种虚无也是原初焦虑的源头。孩子的个性围绕着防御系统构建，这一防御系统可以击败对于崩溃的恐惧。

治疗的目的在于让病人重新体验这种让他们恐惧的空白，进而实现言语的介入。

在匿名生产的情况下，母亲"一举两得"，因为她不仅仅抹除了自己的身份，也同时将父子关系擦去了。我们知道，这一法律条文如今被那些匿名生下的孩子所反对，他们要求获得知悉自己身份来历的权利。这些孩子也创立了很多网站和协会。

父亲去世

如果父亲在孩子出生时就已经去世，或者在孩子出生后不久去世，这就不会是一个秘密，如果父亲去世时的情况被讲了上千遍，父亲对于孩子来说就也不会是个秘密。

父亲会因为去世而被孩子想象成是脆弱的，但又因为他是触不到的，所以同时也会被想象成不可战胜的。将父亲理想化，没有任何事实能够为此设限。父亲因此会成为某种神灵。母亲，尤其是寡居的母亲，也与父亲保持着神的联结——她成了沟通冥界的女神甫。父亲还会借她的嘴说话："你的父亲想必会说……，你的父亲想必会做……"

孩子的自我构建会出现困难：对于女孩来说，怎么能在不成为修女的情况下爱上一个已逝的人？对于男孩来说，又怎样对抗一个不可战胜的英雄？

作为替代品的孩子

有时，在自己的孩子去世后，父母不为这个孩子悲痛，而是再孕育一个孩子作为替代。有时，父母甚至会用死者的名字给新生儿命名。这难免让我们想到传统的灵魂转世信仰：习惯性地用去世的祖父的名字给婴儿起名，为了能让祖父在孩子身上重生……这就是为什么如今仍有一些非洲父亲称自己的儿子为"爸爸"。

这种情况同父亲去世一样，"理想化"会发挥作用。孩子不仅会将自己认同为逝者，而前者还是个完美而不可超越的人。也就是说孩子永远不会使父母满意：他／她没办法取代死者。换句话（更确切地）说：他／她没办法完全将自我抹除……因此，他／她不能够抚平无法被安慰的父母的抑郁，而这则是他／她一生的任务。这不仅让他／她有挫败感，更有罪恶感。

这样的孩子会感觉没办法做自己。他／她会对自己的身份感到困惑，有时会靠创作来排解这种感受。

梵·高和兄弟

文森特·梵·高就是这样的例子，他于 1853 年 3 月 30 日出生，这天也正是他哥哥去世后整一年……他的哥哥也叫文森特！梵·高先是在宗教里寻求自我实现，之后就是我们所知道的绘画领域。在他的弟弟 Theo 成为父亲那天，梵·高自杀身亡。那时，梵·高还是个不知名的画家。

在兄弟姐妹中的地位

每个孩子都是不同渴望的承载，他／她得到的爱与其兄弟姐妹也有所不同。一些父母宣称："我对你们的爱都是一样的！"但实际与此完全相反，爱里面没有平均主义。而孩子们则认为这种区别体现在爱的"量"上，但事实上更多的是在"质"上。

长子／长女是家里的第一个孩子。这是个常识，但却极富意义。如果家里有一个被爱的孩子，那就非他／她莫属！同时，他／她常常被视作是父母在祖父母面前的取代：母亲不再是女儿了，她无意识地将自己的女儿献给自己的母亲作为替代；面对自己的父亲，父亲也会对儿子做同样的事。

在家族传统中，第一个儿子行使"长子权"：他是继承人，既具有象征性，又具有遗产性。可能会有些东西留给他。女孩有时也要行使同一职责。长子／长女也要在弟弟妹妹面前充当父母代理人的角色；尤其是在父亲因去世或离婚而消失之后。我们知道，一旦成年之后，他们中很多人都会对此抱怨。而母亲有时则喜欢把长子变为父亲的竞争者，就像希腊神话中讲的那样。

儿子阉割父亲

奥林匹斯神话中提到了这一主题：大地女神盖亚由混沌中诞生，产下一子——天空之神乌拉诺斯，并与子结合。但乌拉诺斯表现出旺盛的情欲，不离盖亚左右，只允许盖亚产下他们俩的孩子。这就是为什么盖亚把一个镰刀交给自己的儿子克洛诺斯，让他解放自己。克洛诺斯将母亲怀中的乌拉诺斯阉割。

克洛诺斯也受自己儿子的苦。临死前，乌拉诺斯预言克洛诺斯会被自己的后代废黜。这就是为什么克洛诺斯把姐姐和妻子瑞亚生下的孩子都吞食掉。瑞亚将第三个儿子托付给他的祖母盖亚，用襁褓裹石，哄骗克洛诺斯吞了下去。

这个孩子就是宙斯。长大后，宙斯与父亲十年交战都没能取胜。虽然儿子克洛诺斯曾助盖亚一臂之力，但她还是偏爱自己的孙子。盖亚建议宙斯去找独目巨人和百臂巨人帮忙。最终，宙斯用雷霆霹雳战胜了父亲。而战败的克洛诺斯则被流放到不列颠附近的一个岛屿上。

最小的孩子则要弥补之前孩子未能实现的缺失。如果第一个孩子是个男孩，第二个就该是个女孩（或与此相反），从而实现"儿女双全"。幼子会和长子竞争，因为他认为长子抢夺了本该属于自己的"好位子"。

如果家里兄弟姐妹的数量为单数，中间的孩子就成了年长和年幼者之间的接合，他/她常常觉得自己孤单。

对于那些因不能再孕育孩子而忧伤父母，他们最小的孩子则应当让自己保持婴儿、孩童的状态。

亚伯、该隐以及父爱缺失

在西方文化中，亚伯和该隐的传说便是兄弟间竞争的第一个例子：哥哥妒忌弟弟。我们都知道这个故事：该隐是农夫，亚伯是牧人。他们都拿出了自己的供物献给上帝。可上帝似乎不是素食主义者，而是更偏爱肉类：他接受了亚伯的供物，拒绝了该隐的礼物。失去了地位的该隐杀死了弟弟。上帝惩罚该隐让他流离飘荡；同时，上帝也做出了一个奇怪的善举：在该隐额头上做了记号以保护他。不过在大洪水时，他的后代并没有活下来。

在这个故事中，竞争和妒忌都是为了获得天父的爱。然而，得到的可能更多的是父亲的否认。

夏娃和玛利亚一样：她认为自己没有怀上自己丈夫的孩子，而是上帝的孩子！只要听一听或者仔细读一读《圣经》就显而易见了："她怀孕产下了该隐，说：'我从耶和华那里获得了一个儿子。'她也生下了弟弟亚伯。"（《创世记 4.1》）玛利亚也一样，她对耶稣说他是上帝的儿子。

圣经的前部分同希腊神话相似。有时候，神和人可以相爱、相遇，如果我们相信文本的内容，会看到："上帝的儿子们找到了亚当的女儿们，生下了巨人！"（《创世记 6.4》）《圣经》里明确指出这些巨人便是古代的英雄。耶和华则给这一混沌的局面设定了期限，限制大地上的生命为一百二十年……

> 该隐被天父否认，如受难的耶稣被父亲抛弃？天父更偏爱来自另一血缘的亚当的儿子……？如果该隐的命运便是如此，我们就更能理解他的暴力反抗。

母亲的怀孕体验

我们认为怀孕既是身体上的又是心理上的。我们所说的"心理妊娠"会面临重重困难，但却会对孩子的爱产生作用。心理妊娠对于母亲来说是一段动荡的时期。母亲的脆弱性会让她对随之而来的事件很敏感。因为怀孕就代表着自己同时成了另一个人。她在自己的身体里庇护着另一个人，一个突然出现的"陌生人"，由一个男人协助将其安置在那里①，而这个陌生人也是自己的再生。这种情况会导致混淆，有时我们将之与神经病相比较，当然，母亲们最后能成功摆脱这种状态！她们建构了一种"二合一"的身份。在分娩之后的很长一段时间，她们也会感觉到"一分为二"，直到母子之间互相区别。

怀孕期间发生的任何事件都会对母亲和胎儿产生重要的影响。亲人的离世，分别，战争之类的政治事件，甚至自然灾害都会让母

---

① 所以说，一个成功经历过俄狄浦斯期的女性会突然感觉到胎儿并不"属于自己"。她又会突然在胎儿那里认出属于自己的那三分之一。这使得一些例如梅兰妮·克莱恩的心理学家做出推断：前几个月会存在俄狄浦斯情结。事实上，承认父亲存在的母亲会将自己放置在三个人的情况之中：她和孩子之间的混淆由第三者加以处理，并让母亲互相区别。这有利于孵化出真正的爱。对此，我们还会做出探讨。

亲经历抑郁状态。母亲即使只经历了几星期的短暂抑郁，这也会对胎儿产生影响。在这种情况下，母亲心理上不再怀有这个孩子，我们可以说她在心理上放弃了孩子。过早体验到这一冷漠的孩子不再对生活抱有兴趣，有时他们会尝试脱离母亲，提早"独立"。对于精神紊乱的孩子，我们经常发现他们的母亲经历过上述阶段。

通常来说，在怀孕期间，母亲和孩子会经历一系列的危急时刻。

塔玛拉·兰道（Tamara Landau）描写了母亲和胎儿所经历的阶段。这些阶段也会为缺爱提供时机，对孩子的未来造成影响。第一个阶段是女性发觉自己"怀孕"了。女性对自己身体形象产生的落差，而这从来都会引发焦虑。这一时期，她想象中的女性被小老鼠啃食……我们知道她产生了排斥的想法。

怀孕后的第四个月是暂静期。孩子很好地"附着"，母亲开始适应自己的孕期。第四个月快结束时，孩子开始活动，母亲则感到欢喜。母子在同时发现了对方：孩子的运动直接受母亲的情感影响。在母亲开心、不安时，孩子都会活动……母亲情感的象征意义被孩子划归到了自己的身体里。

第六个月时，孩子开始有自主活动。这也是在"内部"实现的第一次分离。孩子没有母亲也可以成活，而母亲则害怕杀死自己的孩子。

第七个月时，母亲有时会忘记自己怀孕的事实，然而，塔玛拉·兰道（Tamara Landau）指出：

母亲不自觉地认为如果过久地遗忘孩子，孩子就可能会让自己死去。然而，反常的是，如果母亲越是有能力忘记孩子并在当天重新"找回"孩子，孩子在之后就越能感觉到真实地存在。[1]

　　从第八个月开始，胎儿就头朝下地进入了骨盆，挤压宫颈准备出生。渐渐地，胎儿会动得越来越少。母亲也常常忘记自己的孩子，对和孩子的互动也不怎么留心了，就好像孩子已经不在那里了。

　　孩子在场与缺席的游戏是必要的，这样他／她才能从母亲那里获得一个身份。否则，母亲会否认孩子的存在，孩子被困在她的体内。塔玛拉·兰道（Tamara Landau）写出：

　　因此，在胎儿发育的关键时期，怀孕时从一个季度向另一个季度过渡的时期，如果缺乏"思考行为"——父母，尤其是母亲甚至拒绝理解孩子的感知和表现……，孩子会突然死亡或是半死不活地在另一个时空中存活，围困在多少有些强度的自闭环境之中[2]。

　　我们在这里只回顾最常见的状况。我们没有涉及在某一社会阶层或某一社会环境中，"出生"是如何先验性地决定爱的方式。我们可以观察到，爱对于孩子来说也是一个构建而成的事物：它不仅仅取决于父母的"美好意愿"，还取决于隔代的关系，家庭的组合方式以及孩子在家庭中所占据的位置，还会受到社会事件（战争、饥荒……）的影响。

―――――――――

① Tamara Landau（塔玛拉·兰道），《不可能的出生，被围困的孩子》（L'Impossible Naissance ou l'Enfant enclavé），Imago, 2004.
② 同上。

5

出生和幼儿期的动荡

出生，爱的起始符 – 初见 – 无助感 – 坏乳房 – "过好"
的乳房 – 初次性欲 – 必须禁止 – 禁止施虐 – 以爱禁止 –
听之任之 – 当爱与性相关 – 当父母偏爱女孩或男孩时 –
初爱，即乱伦

出生对于孩子和母亲来说都是一场动荡。除了今天已经被医学
控制的隐含危险之外，分娩更是"变形"的时刻。母亲和胎儿的融
合关系发生了改变：母亲曾经是"二合一"，可现在又变成了两个
人！母亲失去了在怀孕期间所体验到的"充实感"。她同时会看到
自己理想中的孩子和现实拥有的孩子之间的差距，而真实存在的孩
子对她而言像是个陌生人，因为和想象中的孩子完全不同！但很快，
投射效应会再起作用：父母能在孩子那里找到一些相似之处，对孩
子有所解读。母亲和父亲于是意识到自己对孩子有多么地期待，他
们还会向孩子表现这一点……

出生，爱的起始符

　　第一次相遇的时刻很重要。面对脚腕被拎起，头朝下吐胎粪的新生儿，如果我们像对待一个包裹一样对待他／她，之后将其打包、称重、放进检查室，这是很不幸的。如今，人们会在怀了孩子之后便对他／她讲话，我们像对一个独立的主体一样对他／她说话。即使他／她在智力上还不明白我们讲的是什么，却也能够在出生后辨认出熟悉的声音，声音在空气中变得更清晰了，孩子也接收到了声音所表达的意图。孩子铭记自己很小的时候听到的爱与尊重的话语。"这些被说出的话语如同命运一般被记录。[①]"弗朗索瓦兹·多尔多如是写道。她确信这段时期呼唤孩子名字的声音会对孩子留下清晰的烙印……

　　而新生儿也绝非无所活动。趴在母亲的胸口，他／她能找回自己的心跳。他／她会很快发现乳房。过分敏感的母亲则会发现并破译孩子发出的信号，甚至有时能提前预知，避免触发这些讯号。融合的关系由此构建，但这次是在空气中（不是在羊水里），以"一分为二"的形式实现：母子成了两个人，但却像是一个人。

　　发展爱的关系的第一个前提，就是母亲和孩子之间的这种协调。如果母亲感觉抑郁，这就很难实现：她很难感受到孩子的讯号，不会去激发孩子，孩子似乎退出了互动。不会自发性转向他者的婴儿需要被呼唤、被激发。对于这类孩子，如果无法与母亲建立协调，

　　[①] 弗朗索瓦兹·多尔多（Françoise Dolto），《出生……然后呢？》（et alii, Naçtre... et ensuite?），Stock 出版社，1982.

结果就是悲剧性的，他们会逃避与母亲的关系，甚至表现出自闭。出现这种紊乱的关键信号表现在孩子的眼神中：同他者关联的孩子在出生后的几星期就会用眼神追随对方；而没有获得联结的孩子似乎不会看我们。我们需要认真对待这种情况。有时，婴儿如果感觉不被接纳、没有安全感，就会自我压抑。可以说，孩子会很快变得独立，脱离与母亲的关系。而这也会成为母亲的另一附加痛苦。

对于母亲来说，孩子的降临也是变身的时刻，但令人惊讶的是，大部分时候，她们可以轻松地实现这一变身。母亲经历的不仅仅是身体和激素的变化，还有内在的身份改变，尤其是主体形象的变化。如果是第一次生孩子，她便从女儿变成了母亲，这改变了她的社会地位，更改变了她的自我认同：她像自己的母亲一样成了母亲，这既会带来幸福，也会带来冲突。我们认为，女性的性别身份在她第一次生育后实现，而不是在此之前。此外，母亲将自己与孩子认同，这使得她重新回顾自己的幼年时期。她重新回到了那个自己还躺在摇篮里的婴儿时期，找到了别人对她讲话时所获得的感受，这些都仿佛是对从前的幻想。她在口欲期曾经历的冲突，俄狄浦斯情结的再次出现，这些有时会帮助她解决遇到的麻烦，也会影响她与孩子之间的关系。

初见

孩子出世了！他／她再也不是那个 B 超上的图像（这已经开始使孩子显得真实），他／她不再是那个想象中的孩子，不再是那个梦想中的孩子，他 / 她现在就在摇篮中，在他 / 她真实的身体中。他 / 她也不是父母之前期盼的那个孩子，他 / 她是另一个孩子。

一些母亲会在这一接合期感到崩溃。她们忍受不了这种被称为"解体"的情形。在这一决定时刻，任何一位母亲都会悼念在怀孕时所体验的"充实感"。如果这是她的第一个孩子，她便也同时失去了女孩的身份，成了女人。她不再是伴侣的唯一爱人，伴侣成了孩子的父亲，关注孩子。

一位有爱的母亲会在这时认为，孩子是属于自己的，但孩子同时也是个陌生人。孩子的身上有些神秘而不可改变的东西，以至于母亲可能不会对孩子说："我对你了如指掌，因为你是我生的。"

如果母亲没有辨认出孩子的"相异性"，她就会把孩子变成是自己的所有。她感知不到孩子的意图和反应，也感知不到孩子使她成为母亲的那些行为。她会要求孩子变得安静、乖巧。然而，她却在无意之中，制造了于己于孩子都显得艰难的阶段。对于这样的孩子来说，所获得的任何自主都会被用来对抗母亲，但却又不完全如此。孩子的青春期将会像我们所说的那样，成为一场危机。

所以，母子关系的起始符从最开始就显现了：我们能否把新生儿视作是主体而非客体？这也是爱存在的条件。

无助感

出生后的几年，孩子会经历一种逐渐消除的无助感。虽然每个人都知道要对抗这种无助感，但它仍然隐藏在我们体内，随时会卷土重来。生活中的一些事件会让我们重新体验过去经历过的被遗弃的焦虑，这种焦虑还会伴随着对生活丧失兴趣——有时甚至需要用挑衅来证明自己的存在。我们现在的感受取决于儿时周围人在我们难过时所采取的态度。

这种无助感的存在是因为我们在出生时还不完整，或者说是"早产"。其他哺乳动物很快就能学会行走、独自找到哺乳者。它们的神经系统已经成熟，而婴儿至少要到两岁才能够勉强控制自己的身体。所以说，我们完全依赖于所处的环境、依赖于我们的母亲。我们的存活与此相关。所有的需求，尤其是饥饿感，都如同大灾难一样威胁着我们的存在。

幸好，孩子在心理上仍处于母体之中。可以说，母亲自身也能体会到孩子的这种无助感，她于是会照顾孩子，我们也知道这会使得孩子感到满足：我们都见过吃完奶的孩子小佛祖般的神情。渐渐地，孩子会感受到，在无助感之后自己会获得安慰。如果他／她发出呼唤，不在身边的母亲就会过来。否则，为什么要呼唤？或者再过一段时间，为什么要说话？母亲[1]不仅仅给孩子带来能满足其需求的慰藉，还会给他／她带来安抚。因为在喂奶时，母子目光对视，身体相依。也就是说，母亲仅仅满足孩子需求是不够的，这种满足也肯定不能被称作是"爱"。

---

[1] 我们把在孩子出生后几个月对其提供照顾的人（们）都称作母亲。对于孩子来说，"母亲"是一个整体，对他／她而言是个混合物。母亲用乳房哺乳还是用奶瓶喂养并不重要，重要的是哺乳期间"母子"身体的联结。

坏乳房

出于不同的原因，母亲有时会完全不理会孩子的呼唤。这可能是心理上的因素，例如抑郁、同孩子父亲的冲突、同家庭的冲突；也可能是现实情况，例如战争、贫困、失业。母亲自身也可能会有被遗弃感，并因此感到痛苦！母亲发誓自己要全身心地为了孩子，她试图变得专注，但她所能关注的却只有自己被遗弃的感受，以至于不能完全理解自己的孩子。母子可能会同时感知、分享这种被抛弃感。

母爱的缺失（通常情况下，母亲是行为发出者，同时也是受害者）因而会扰乱客体的持续性。事实上，孩子需要一段时间才能不在两个对立的世界之间摇摆不定：一个世界里有母亲，另一个世界里则没有。渐渐地，孩子会建立客体的持续性，他／她会明白：母亲不在那里，但她没有消失，她还会再回来。此外，还需要孩子能够感知她是个"好母亲"；在母亲缺失时，孩子对其产生的侵略性也不该让孩子感觉到自己将母亲摧毁。

至于反面情况，有时则会构建某种短路：在开始时，孩子面对母亲时会有一种复杂的情感，这也取决于母亲是否能满足他／她。为了维持那个能使自己获得满足的客体，孩子会将爱分割给一个好的客体——用梅兰妮·克莱恩的话讲[①]就是"好乳房"，将攻击侵略

---

① 参见：梅兰妮·克莱恩（Melanie Klein），琼·里维埃（Joan Rivière），《爱与恨，弥补的需要》（*L'Amour et la Haine. Le besoin de réparation*），coll. *Petite Bibliothèque Payot*, Payot, 2001.

性分割给"坏乳房"。我们可以说，孩子将母亲视作好的客体，而将坏的一面留给自己，孩子将自我投射为"坏乳房"。建立了这种结构之后，客体一旦缺失，孩子就会认为是自己的攻击性摧毁了客体。因此，母亲总是好的……我们常常会看到这种情形，如果父母这边出了什么问题，那就是孩子的错。这种信仰会让孩子维护了"有爱的好父母"的幻想，这也是他们活下去或成长所需要的。

"过好"的乳房

我们可能会觉得没有比这更好的东西了。然而，还有什么比侵入性的乳房①更糟糕：在孩子不饿的时候，将乳房硬塞进孩子口中，施与充沛的乳汁……这也是"过好"的母亲的例子。我们在这幅夸张的画面中抓住了关键特征：侵入性——母亲"用爱"强迫孩子；她们不允许孩子有欲望，会提前解决孩子的欲望。因此，这类母亲的做法更接近于"情欲"而非"爱"（在第一章里，我们对这两个概念进行了区别）。

孩子出生后，过好的母亲从孩子身上看到的，全是自己付出的伟大的爱。她就是绝对慷慨的化身，我们甚至可以说，她用各种方式宠溺自己的孩子。她给孩子建立起一种毒瘾般的游戏，让孩子变坏。孩子像依赖毒品一样地产生依赖感，在心理上被扼杀。这种毒药就是这类母亲的"母爱"——更确切地说，这其实是母爱的反面。事

---

① 精神分析中经常用"乳房"指与哺乳相关的身体关系。

实上，孩子不再有渴望的需求，因为母亲在孩子提出需要前就已经满足他们了。食欲不振就是这种机制的很好例子。不再有缺失、饥饿、吃东西、产生渴望的可能，孩子只有靠厌食、靠拒绝吃东西来表达自主欲望。此类案例最严重的情况会导致孩子的死亡。

被这种"母爱"宠溺的孩子知道，他/她生活的唯一定律就是要"让妈妈高兴"。所有不服从于母亲的行为、思想都会受到惩罚，还会带来巨大的罪恶感以及自我贬低。在这些家庭中，父亲也会提到"巨大的"爱，强制要求这种爱得到尊重：我们一定要仰慕并尊重母亲，她们一定是有爱的。父亲很难介入并指出自己妻子的行为对孩子不好，但真正的爱不是这样的……

初次性欲

第一阶段就是身体相接触的阶段。每天，孩子都会经历很多次的穿脱衣服、擦抹、清洗、亲吻、抚摸……这种强烈而集中的身体接触会影响孩子的性欲特质。

"过好的"母亲会同孩子形成无界限的愉悦关系。她不会把孩子看成是另一个同样有着欲望的人，她会刺激孩子，但并不能意识到这对孩子会造成何种影响。她会将身体接触过分推迟。对于孩子来说，这一僭越则具有乱伦意味。长大之后，无论是男孩还是女孩，都可能沉迷于性快感上瘾型的关系中：他/她会抑制不住地需要持续的兴奋刺激。

我们之前已经提到过，抑郁的母亲很难回应孩子的需求。在面向他者时，孩子在自己身体上体验到的安全感及自信心也会因而改变。一旦成年，孩子与他人的关系就可能受此影响：他人的身体可能会成为他／她焦虑的来源，他／她会与对方疏远、感觉到情绪矛盾，在交往中无法获得无拘束的快乐。

树

母亲在树下哭泣，

哭，

泣，

我知道她就是如此。

曾经，我伏在她的膝头，

现在，我攀上这株死去的树，

我学着让她微笑，

修复她的罪恶感，

治愈她内心的死亡，

我的人生就是让她活过来。

事实上，如果孩子拥有一个抑郁的母亲，他／她就会常常觉得自己的宿命就是要治愈母亲。母亲如果有"性反常"嫌疑，就也会鼓励孩子这样做：这是一种和孩子互相捆绑的方式，也会让孩子相信自己的全能性。

上面的这首诗是精神分析家唐纳德·W.温尼科特（Donald·W. Winnicott）在六十八岁时写下的[①]。而他所做的关于母亲抑郁状态的研究，其实也源自于自己的人生经历。

在与母亲的关系之中，婴儿不会处于无活动状态。很快，他/她就会找寻目光，让自己被看到。如果母亲开玩笑地做出假装要吃掉他/她的动作，孩子会要求母亲再做一次。孩子开始建构自己身体的形象，也正是要经历这些早期互动，这些伴随着情感、幻觉的身体互动。例如：在假装吃孩子的时候，我们会幻想自己正在舔一支冰淇淋或是咬一块牛排。但这一举动之于孩子的想象、之于孩子对自己身体的体验方式，效果则不尽相同！

在孩子的诱导下，身体的关系于是变得与性欲有关。这一事实很难被接受。因为它可能会引发我们对恋童癖的反抗情绪。很多家长都难以接受同孩子之间有引发乱伦的关系，他们要么感觉自己违反了禁忌，要么则倾向于不知道自己正私下从事了乱伦行为……但对于这两种情况的诊断是相同的：他们还没有放弃无意识的乱伦欲望，也没有克服这种欲望。

要想改写温尼科特（Winnicott）的描述，就要定性一位足够有爱的母亲，她能够回应孩子的所有需求，建立一种源于温情、排除一切冲动的"无性的快乐"。如果一位母亲（通常是无意识地）把孩子置其无法摆脱的冲动状态，这种母亲就属于我们提到的"过

---

① 引自让·皮埃尔·莱曼（Jean-Pierre Lehmann），《温尼科特诊疗分析》（*La Clinique analytique de Winnicott*），Érès, 2003.

好的"母亲中的一类；这种情况其实也具有乱伦性。所以，要在过度和不足之间拿捏好分量，这总是很微妙的，需要母亲和父亲克服他们对于乱伦的无意识怀念。做好了这些就可以在可能的时候结束身体上的亲近；或者说是在孩子获得了足够的自立、能够给自己擦洗之后，一般是在三到四岁。也就是说，母亲不再以擦洗为由保持与孩子身体上的关系。

引诱幻想

在研究之初，弗洛伊德认为他之前治疗的神经官能症病人都在童年时经历过性虐待。他应当意识到了病人提及或改造的很多场景都是想象出来的。弗洛伊德从中演绎出自己的幻想理论，幻想的情节通常是无意识，可以使得主体实现其欲望。

在这些幻想中，我们可以区分出原初幻想，而每个人都会有这类幻想。它们似乎可以解释孩子的起源、阉割以及欲望……还有引诱幻想：在孩子的这一想象中，成年人会暴力地虐待孩子。这种场景通常还会展现施虐受虐狂的愉悦，它其实记录了每个人都会有的经历：欲望降临，我们被动地接受，从来不能对其掌控。

那么，幻想就是纯想象？幻想似乎靠现实事件支撑，例如幼时的洗漱情景："在这种情况下，幻想依托于现实。其实，在照料孩子的身体时，母亲激发，甚至唤醒了生殖器官的最初的快感。[1]"弗洛伊德如此描述引诱幻想。

---

① 西格蒙德·弗洛伊德（Sigmund Freud），《关于精神分析法的最新会谈》（*Nouvelles Conférences sur la psychanalyse*），[1915-1917]，PUF，2000.

必须禁止

我们知道，教育的一个任务就是给孩子设定边界。这项任务复杂而微妙：如何用爱禁止？今天，很多家长不知道如何将两者结合，被俘虏在对爱与自由的错误认知中。孩子们在很小时就知道如何要挟父母，在父母提出禁止时触碰他们的敏感点："你真坏！"孩子们会叫嚷，而更糟的则是"你根本就不爱我！"有时，母亲或父亲就会心软下来，失去了勇气……

针对父母的暴力

心理疗法医生还会遇到一些极端的情况：父母被三岁的孩子恐吓。更常见的则是在青春期，父母其实会收获曾经播种的"果实"：在孩子很小的时候没有教会他们对界限的尊重。

研究证明，约有 10% 的家长被孩子粗暴对待。这种粗暴对待首先表现为言语上的辱骂，有时还会有后续的身体上的暴力，以及偷盗之类的犯罪行为。

这种暴力有时只是对父母暴力的回应，通常是因为这些孩子在童年时没有机会辨识成年人的权威。对于重组家庭中的继父 / 母和单亲妈妈，这种现象更为常见。

从大约三岁起开始，也就是从肛欲期开始，对孩子确定界限尤其必要。因为孩子现在已经完全拥有了自己的本领！他 / 她学会了

说话，尤其可以站起来去自己想去的地方。他／她能够完全掌控自己的肌肉，特别是括约肌。这也是"肛欲期"这一说法的来源。更重要的是，他／她知道自己想要什么，他／她什么都想要！这时，孩子还没有培养"他者"意识，不明法令，他／她是"自由"的，但这里的"自由"是贬义的：他／她为所欲为。这就是为什么他／她的冲动一旦被直接触发，就无法压制，这就自然使孩子成了施虐者，但他／她却是无知的，因为还没有对"是"与"非"有完全清晰的概念，他／她仍然将"干净"与"脏"视为相似物。他／她喜欢说"便便！"就像长大后会说"屎"一样。在他／她所生活的世界里，要么是支配者，要么是服从者。

所以，父母会针对孩子的冲动行为做出限制，而任何这类限制都首先会被孩子视作是一种暴行。父母的一切工作便是要解释"禁止"的合理性（有时，这并不排除强制施行），让孩子体验到遵守这些限制所能赢得的东西。

禁止施虐

有时，父母的反应会增强孩子的感知。孩子对"禁止"甚至是"法令"的理解还处于自儿时起仍没有脱离肛欲施虐阶段。因此，为了让孩子成长，父母会禁止孩子的一些行为和语言，可他们还会以施加这些禁止为乐。这就会混有了"性反常"嫌疑，孩子因而会被困在这样的处境之中：孩子会认为所有的禁止都是错误的，是他人为了寻开心而施暴的印记。让·雅克·卢梭指出孩子会因此变得暴虐，从事犯罪，有时还会成为受虐狂！

某些无人性的特质由此从一代人传给另一代人……

从惩罚至性反常

在《忏悔录》的经典片段中，让·雅克·卢梭吐露了自己被打屁股后所获得的一些性反常的乐趣：

朗拜尔西埃（Lambercier）小姐对我们既有母亲般的慈爱，又有母亲般的权威，遇到我们应该受罚的时候，她有时也采用惩罚孩子的办法。在一段相当长的时间，她只是以惩罚来恫吓我们。这种全新的惩罚方式让我觉得十分可怕；但惩罚结束了以后，我却发现受罚倒不如等待处罚时想象得那么可怕；而更奇怪的是，这种处罚使我对处罚我的那位朗拜尔西埃小姐更加热爱。我发现在受处罚的痛楚乃至耻辱之中还掺杂着另外一种快感，使得我不但不怎么害怕，反倒希望再尝几回她那纤手的责打；只是由于我对她的真挚感情和自己的善良天性，才不去重犯理应再受到她同样处罚的过错。真的，这里边无疑有点儿早熟的性的本能，因为同样的责打，如果来自她哥哥，我就感觉不到丝毫快意。

……

谁能想到，一位三十岁的年轻女人的手给予一个八岁儿童的体罚，竟能恰恰违反自然常态，决定了我此后的趣味、欲望、癖好，乃至我这整个的人？在我的感官被激起的同时，我的欲望也发生了变化，它使我只局限于以往的感受，而不想再找其他事物。虽然我的血液里几乎生来就燃烧着肉欲的火焰，但我一直抱守着自己的纯洁免受污染侵袭，直到抵达生命里最镇静和成熟的年纪。在一段很长的时间里，不知为什么，我经常用一双贪婪的眼睛注视着那些美人，我的想象不断回忆着那些形象，却只是为了用我的方式，把她们都变成朗拜尔西埃小姐。

我们因此可以证明，提出禁止要出于真正的爱，而不仅仅是出于自然的父爱与母爱。

以爱禁止

一个三岁孩子所渴望的，他 / 她最梦想实现的，就是长大。成长、变强，变得和他 / 她所佩服的父母一样聪明（在正常情况下！）。原则上讲，这也是一个需要父亲与母亲合力完成的计划，他们因此要设置界限：要帮助孩子成长，而不是满足自己的愿望和需要（例如想要孩子安静，证明"谁是决定者"，等等）。从此以后，家长能轻松地对孩子解释所提出的禁止的合理性。每次提出的禁止都有助于孩子拥有新的收获。例如，不要再打其他小朋友，不允许这样做，这就可能让孩子收获一个玩伴。

　　我们常常会以危险为由提出禁止："不要这么做，你会伤着自己！"容易惊慌的家长因而将自己的焦虑投射给孩子，我们甚至可以说，家长将孩子囚禁在自己的焦虑之中：如果孩子陷于危险之中，他/她就只能躲在父母身旁。我们可以问问自己，当父母滥用这类禁止时，他们是不是在潜意识中有想要实现"囚禁孩子"的目的。事实上，父母这样做与其说是为了孩子，倒不如说是为了自己。用这个问题便可以鉴别父母对孩子的爱：我对孩子说的话、做的事，是为了我自己还是为了孩子？如果我们不想诚实面对这一问题，便也难以轻松地给出答案。

　　提出禁止却不给予让冲动疏散的通道，这便是强权。孩子会因此抑制其暴虐，可以说他/她的控制欲、禁止欲会被阻隔在一个堤坝之后。只要情况产生变化，堤坝就会坍塌，而冲动则会显露其真身：战争中，士兵会重新找回自己三岁时的暴虐；成了首领之后，领袖终于可以满足自己的支配欲……

　　设置限制不是为了约束冲动，而是为了促进转变，实现升华，给孩子提供新的满足途径使他们自我发展，实现社会化。例如，"好斗"可以有利于体育运动、做出努力、在学校取得成绩、自我肯定、冒险；在这些情况下，"好斗"变身为韧性、意志和勇气……

听之任之

　　我们说过，如今的文化极力推崇自由并放宽限制，这就会促发我们每个人意识里的那个蛰伏在肛欲期的小孩，这一切又进一步演化为不应该抑制自我冲动！当我们变得自由时，也就是说保持这一精神状态时，我们在提出禁止时就会感到自己有些专制。我们怎么有权限制我们亲爱的小孩的自由？既然我们拒绝屈从于权威，我们就也拒绝向别人施加权威。爱孩子似乎成了放任他／她做自己想做的事。在这种情况下，我们就（近乎）宽容或处于无条件的爱之中。

有时，孩子的行为会让人感到不舒服……如何说服他／她换一种方法行动、讲话？但孩子是自由的！不可能使用强权，剩下的就只有用情感勒索！我们会明确或暗示性地指出：如果你爱我，就不要这么做！更糟糕的是：如果你想让我爱你，就不要这么做！这就是缺乏威严给我们带来的后果：用情感操控。而孩子在接受了这种方式之后，就会反过来利用这种方式对付我们。我们于是陷入了这样一个反常的逻辑之中。

针对孩子与父母之间的爱，弗朗索瓦兹·多尔多采取的态度可以作为标准，虽然她也因此冒犯了不止一个人。弗朗索瓦兹·多尔多主张父母的爱应当是无条件的，但孩子对父母的爱则是非强制的。可以用类似的话语诠释："你不是必须要爱我，但我是爱你的。"孩子可以由此免除爱的义务，尤其可以摆脱与此相关的罪恶感，因为孩子会认为父母对爱过于苛求，以至于他／她永远不可能满足，就算自己牺牲一切也不可能满足……此外，在传统家庭中，人们常说孩子被迫背上了一笔还不清的债：父母使他／她获得了生命。要想还清这笔债，孩子唯一能做的就是把生命还回去……我们能够想到，所有与自我牺牲处于同一层面的行为都源于这一意图，我们可以将之比作是一种象征性自杀：忘记自己的欲望去取悦对方，放弃自己的自主权与自己的计划,让自己为父母服务,这便是长久以来"子女之爱"的内容。

多动症:用基因还是用爱解释?

多动症已经成了孩子的常见症状,表现为身体和情绪上的躁动,孩子无法掌控自己的冲动,无法集中注意力。他/她很容易变得具有攻击性,常常自命不凡。孩子对老师粗鲁地质问由此而来:"你以为你是谁啊,你怎么敢让我背课文?"

人们曾经想把多动症作为一种疾病,假设多动症与血清素缺少和多巴胺过剩有关,认为多动症是一种可遗传的基因病,这也是因为多动症在一些家族中更为常见。不幸的是,如果我们相信了家庭患病率的数据,结核病也同样可以印证以上这几点,有高达80%的"遗传率"……所以这就是一个错误的推论:我们不能自动地将继承的因素归结为基因使然。

以基因作为最后的解释也具有实用的政治意义:有了基因的作用,就不用考虑环境因素对各类问题所产生的影响,教育、个人及社会经历也同样起不到作用。让我们发挥一下科幻想象:人们什么时候会发现导致贫困的基因?到时候我们就可以说贫困也是有遗传性的,因为贫困在一些家庭中更常见!最后,我们可能不再去谈论社会中存在的不公平,贫困是由于荷尔蒙不足,从而导致基因携带者对金钱失去了一些兴趣……贫困是天生的宿命，而财富也一样：所以就没什么好批判的，社会将一片祥和……

把大脑诱发的紊乱归结为基因问题，这就是支持把多动症作为遗传病，相关人士则要寻找其致病基因（还没有实行，但也快了！）。然而，我们知道，每个疾病都有对应的药物。而多动症对应的药物就是利他林（ritaline）。医学界声称我们有5%的学龄儿童患有多动症，这就可以算算营业额了……对基因学的改造，利用医学的便利创造新的疾病（如多动症）都具有商业目的……

多动症是由一系列的原因诱发的，其中，某些生物性影响也会有一席之地，仅此而已。这对于制药实验室来说就是一个坏消息了：利他林不会被大量购买，在美国便是如此。即使在美国，对利他林的使用方式也发生了变化：如今，美国学者研究证明，在没有父母心理支持的情况下，服用利他林是无效的。

引发多动症的因素之中，环境会发挥作用。孩子在几个任务中连续转换的能力源于对自己所从事活动的良好适应。缺少活跃性在今天的企业中会被视为一种障碍。

我们还可以找出一些与亲子关系相关联的心理因素。孩子的自制力与他人对孩子的接纳方式相关。如果给予孩子身体上和心理上爱的呵护，如果在孩子很小的时候，我们把他/她抱在怀里，用温柔的语气对他/她说话，用温柔的眼神看着他/她，孩子就学会对自己做相同的事。

同样地，如果不是对孩子自由放任，如果对孩子的一些行为设限、禁止，我们就让孩子知道不要被动地被自己的冲动所控制，而是要延迟冲动；也就是说，等待一种不同的满足。因此，禁止会带来安全感，而成为冲动的客体则会引发无尽的焦虑，这种焦虑不会受到限制，孩子想对此摆脱却只会螺旋式地下沉：他们会更用力地挣扎。同样，任何心理困难的表现、任何冲突也都会倾向于用偏离和躁动排解。

当爱与性相关

突然有一天，这种想法会出现在女孩或男孩的头脑里。他们意识到自己与对方不同。但至此，这种意识不过像是个趣事被扰乱了儿童的想法：孩子发现了性和死亡，这两者相依相存。性使我们从虚无走向生命。儿时提出的那些形而上学的问题也源于此："在我出生之前，我在哪里？"回答："在妈妈的肚子里。"这个答案其实没有完全领会问题的含义……还不无自大地把母亲的肚子变成了世界的起源……孩子开始构思一个有关他／她身世的剧情（在精神分析中将此称作是"原初幻想"），在这一幻想中，他／她在父母性交后出生。他／她用自己拥有的方式想象这件事。由于还处于肛欲期暴虐的心态中，这一幻想类似于：爸爸伤害妈妈……而不管是男孩还是女孩，他／她都会觉得自己会做得更好，因为他 / 她爱自己的妈妈!

孩子由此得知自己从哪里来，到哪里去……他 / 她知道了自己在几代人中所处的序列，有人在他 / 她之前，有人在他 / 她之后。如果他 / 她有一天死去了，他 / 她的孩子们会接替他 / 她，他 / 她就又变成了男孩或女孩。

我们可以说这里面也有社会和家庭性别的强加。一些强加是好的，正如法令对人类是必要的! 从今以后，我们的（解剖学的）性别会同所隶属的（社会）性别相关联：也就是指一系列既定的行为与价值综合，会根据不同的文化和时代改变。此外，还有针对我们心理两性状态的强制。我们所有人都会渴望、多多少少地将自己认同为自己的母亲和父亲。我们的性别认同常常（并不总是或完全如此）会将我们困于传统的恋母情结中：男孩渴望母亲，女孩渴望父亲。最终，作为女孩或男孩便是一个局限，精神分析学家称之为阉割。我们不是全能，无法自给自足：要经过另一个人才能有孩子。性于是会损害我们全能的欲望：我们屈服于自己的快感，同时不停地抗议禁欲。

当父母偏爱女孩或男孩时

父母很早以前就知道自己的偏好了。自从在超声波屏幕上看到了未来孩子的图像开始，他们就知道这是个男孩还是女孩——如果图像清晰的话。性别差异在被表达时就已经具有男性支配的意味：有没有小鸡鸡。父母又是如何迎接女孩或男孩的呢? 他们渴望的是什么? 孩子的性别是否会影响他们之间的爱? 最常见的情况就是父母达成一致：孩子的性别不重要。但事实却并不总是如此。

对于母亲来说，拥有一个男孩可以完全地满足她儿时的愿望。她曾经想和自己的父亲拥有一个孩子，作为自己缺失的替代，而这就是她肚子里怀着的孩子，以后则会被抱在怀里。她终于觉得自己完整了！她的儿子有可能就会成为"掌上明珠"，是她最好的部分。也就是说，她母亲般地奉献一切，其实是因为还停留在恋己的逻辑之中。有时，她甚至一生都将儿子看作是自己的"菲勒斯"（Phallus）[①]：她要让儿子成功，儿子所有的成就都是为了她。通常，母亲的原初倾注会发生演变，她会为了儿子而爱他，儿子则感觉到自己被爱，恋己欲得到满足，对自己建立信心。

如果母亲具有男权气质，也就是说她处于与男性竞争的关系中，在家里是她说了算，她就会把儿子视作自己的竞争者，她想要像对待配偶一样，将孩子阉割。儿子会变得温柔和善……像个小女孩一样。她会很轻易地接受儿子被动地做出同性恋的选择。

通常情况下，父亲会感觉自己在儿子身上存续，所以也会把儿子作为"掌上明珠"，这同样是为了满足自己的自恋欲，满足了父权文化中无性繁殖的欲望——耶和华便是按照自己的形象，在没有女性帮助的情况下，诞生了亚当。如果父亲的自恋欲很强，他会想让儿子比自己做得好。如果父亲的自恋欲较弱，他则希望儿子处处

[①] 菲勒斯（Phallus）是一个源自希腊语的词语，指男性生殖器的图腾。到了20世纪，弗洛伊德把这个词用于代表"男权""父权"等的意思，菲勒斯（Phallus）在心理学中也被理解为短缺物，它不是生物性的生殖器官，而是"父亲"的隐喻。——译者注

成功，却又害怕孩子"超过"自己。

如果他自己的"为人父"感觉存在缺陷，如果他很难维护自己作为父亲的地位，那么原因要么是我们所说的：其父比较软弱，要么则是因为他与父亲的联结遭遇过断裂（父亲或祖父不明，父亲或祖父早亡或失踪），他对儿子的爱就会成疑。我们可以说，他可能会笨拙地变得专制，或者在儿子的成长中缺席。

传统上看，从前，父亲会对女儿的出世而感到失望。他们不会在女儿身上体验到延续感，在婚姻之中，女儿只是被用来与另一个家庭进行交换。女儿也会感觉到自己因为是女孩所以不被父亲爱。她会感觉自己在存在中被判了刑。只有一种情欲联结才能缓和这种爱的缺失：女孩认为自己不得不通过引诱来获得存在感。如今，多亏了父权的衰弱，父亲爱他们的女儿，他们也越来越多地希冀女儿的人生同儿子一样独立且完满。

母亲也会感觉到自己在女儿身上存续。如果母亲对自己的女性身份感到满意，她就会和女儿之间建立一种可以被我们称作是共存实体的联结，精神分析学家则将之称作为原初同性恋。就像父亲在有了儿子后一样（现在有了女儿也一样），母亲会觉得自己在女儿那里得到了延续，她也有一些东西要传给女儿。如果这种感觉不是过于迫切，便会成为母女间爱的源头。

如果母亲是我们所说的那种过于自恋的母亲（或者说她的自恋欲很弱，必须不停地被外界认可），她就会把女儿视作是竞争者：母女间就会有仇恨。这种母亲甚至会对父权的典范进行拥护，认为女孩没有男孩有价值。

初爱，即乱伦

我们已经看到过了，很小的孩子爱母亲，同母亲建立愉悦关系，这与他们自身的生殖器官无关。但一切都会发生改变！此后，在将近四岁时，女孩和男孩一样，都渴望和母亲拥有一个孩子，因为他们处于恋母情结发展期：他们变得活跃、自信、有控制欲。在此阶段，阴蒂和阴茎的区别还微乎其微；但我们知道，小树苗会长成大树，要做的只是等待而已……对"菲勒斯"（Phallus，阴茎不过是其在现实中的代表）神奇力量的信仰虽然是虚幻的，却会构建幼儿的心理。这时，人们会忘记，"菲勒斯"是缺失的标志：肿胀和软缩交替，事实上，阉割有可能被实现，这就意味着阴茎会缺失！

我们知道，正是在这种对阉割的恐惧以及对父亲之爱的混合之中，男孩放弃了对母亲的渴望。他将自己与父亲相认同。直到那时，他还畏惧且敬佩父亲的力量和智慧，他今后要像儿子一样地爱父亲：他接受并服从父亲的法令，父亲传给他的东西，他会表现出来：成为一个男子汉。此外，还需要父亲在心理上承认这个儿子，父亲在提出规则时，也不能让孩子觉得这是他自己指定的！换句话说，父亲要承认自己已经阉割了其全能欲望。这就是为什么他用以下方式明确或隐喻地向儿子陈述俄狄浦斯戒律："我也没有和我的妈妈结婚。"他所传达的是自己所遵守的规则。父子之间的爱便是围绕着这些问题所缔结的，儿子则发现了一种新的爱的模式，这同他对母亲的爱有所不同。

"规则"不是"规矩"

很快，父母就会给孩子定"规矩"，从"不要碰电源插座"到之后的"不要打断别人说话"。这些禁止是为了保护孩子免于危险，帮助他们成长。这些禁止取决于父母的意愿，由父母提出；禁止的内容也是有变化的：我们不会再禁止一个已经有能力下楼梯的小孩下楼。

而"规则"却是另外一回事。规矩是家庭内部的，而规则则是家庭之外的，是社会性的，是要被遵守的。家长只是将规则传达，他们和孩子一样，遵守这些规则。伴随着对规则的接受，我们进入人类群体。

弗洛伊德提出的三个基本禁止是：乱伦、食人和杀人。食人的根源是口欲期婴儿吮吸母亲的乳房，婴儿害怕却又希望被母亲吃掉。在很小的时候，孩子都喜欢吞食游戏。而杀人与其说被真正禁止，不如说是被社会所调节：国家（政府）可以杀戮，发动战争。然而，实现和平就要遵守这三个禁止，但它们则会让人类感到挫败。这就是为什么弗洛伊德说：我们可以在所有人身上找到对文明的憎恨；这种恨在大部分时间里被抑制了，但有时会在野蛮的爆发中显露出来。

我们认为女孩进入俄狄浦斯期，而男孩则从中走出来。在接受了禁止乱伦的规则后，儿子不再害怕被阉割。而女孩则因为发现自己被阉割（根据孩子的想象）才开始渴望自己的父亲。

我们曾经让女孩停留在对自己母亲的渴望中，这个母亲是全能的，具备各种优点。女孩或许发现了阴蒂和阴茎的区别，但母亲可以解决这个问题……直到有一天，她不得不承认自己的母亲也没有阴茎！我们很难理解女孩所体验到的失望，因为我们早就经历过了这种"菲勒斯"幻想（除非男权主义的拥护者）。发现了真相之后，无论是在有意识还是无意识之中①，我们很难怨恨母亲。竞争于是出现了：女孩会试着像母亲一样，为了获得母亲所渴望的（在最好的情况下）：父亲。"菲勒斯"是她所缺少而母亲也没有的，父亲则可以用给女孩一个孩子的形式使她拥有"菲勒斯"。性欲于是颠倒了，或者说变复杂了：阴茎超越了阴蒂，她从主动变为了被动。但这种被动却具有征服性！她会尝试着让父亲接受他所拒绝违反的规则，尤其是父亲指出的乱伦禁令：她会试着引诱父亲。也就是说，她与男性秩序之间产生了一种复杂的关系：男性总是不可避免，即使是幻想出来的男性。拉康（Lacan）因此提出，女性无法完全进入象征界的秩序之中②。长时间以来，女孩会无意识地让自己期待和父亲有一个孩子。与男孩相比，女

---

① 这里澄清一个阅读中会出现的误会：我应该不断地明确这一点：我所谈论的感觉及渴望首先是无意识的，读者要知道这一点！因为害怕读者觉得啰唆，我对此才会停止重复。在儿时，部分俄狄浦斯激动在被完全禁止后是无意识存在的，我们因此才会将其忘记。

② 法国精神分析学家拉康从实在界、想象界和象征界这三方面，阐述了关于个人主体发生和发展的三维世界。在象征界中，"父亲"作为能指（语言符号），代表着一种法律和规则存在，代表着象征规律。——译者注

孩更难走出俄狄浦斯情结。一些精神分析学家认为女孩会在同另一个男性（如果可以的话）获得性高潮后才能结束俄狄浦斯情结，还有一些学者则认为要等到她有了孩子以后……她会想象这个孩子是给父亲的礼物。

此前，女孩所经历的便是受挫的爱，但这并不会影响她怀有期待……

爱即法则

有时，爱会制定法则，这种法则是专横的：爱人在强加他/她的欲望。从前对神的爱便是这类的：要对爱服从。但如果说爱即法则，这就是另一回事了。

关于情欲，我们指出：服从情欲，直到满足冲动、冲动耗尽为止，直到相关的张力消失，回到零度状态。所以说，原始状态的冲动是静滞的冲动。在这一点上，人类是所有哺乳动物中的特例。同动物相比，我们表现出非同寻常的攻击和愉悦能力。这是因为人类的幼态持续性吗，也就是说我们在神经系统和肌肉系统还处于萌芽阶段时就"早产"了？

也可能由于我们的言语发展还不完整。我们是有语言的存在，人类的法令也是在语言中制定的。法令中的禁令限制了为满足冲动而寻求愉悦，只允许具有社会性的、部分的、受限制的满足。所以，我们可以说，保留未得到满足的冲动会引发欲望——这种欲望只在法令下才存在，正是法令阻碍了冲动在愉悦中消耗完全（我们可以从中推导出：爱并不是完全付出，否则之后将一无所留……）。

所以，在精神分析中，法令是用来帮助 Eros（生的冲动 / 爱欲）对抗 Thanatos（死亡冲动）的。

6

青春期，爱的忧伤

青春期，恋母情结再现－父母角色的衰落－同性别团体－
实验和错误－挚爱－第一次爱的忧伤－战胜俄狄浦斯式
的悲痛－一夫一妻，一妻一夫

在性成熟期①，俄狄浦斯冲突或多或少会得到解决，从而获得缓解。这里说或多或少是因为不是每个孩子都以相同的方式度过这一时期。在这一时期中，通过社会学习，爱欲变得平缓，升华为求知欲。男孩为此做出努力是为了变得像父亲一样，女孩为此做出努力则是为了吸引她的父亲。我们要相信这一动机是强大的，因为女孩在学校里比男孩更出色！

青春期，恋母情结再现

之后便是青春期发育。这一词语会让人联想起冲动的喷发。与之同时出现的，还有俄狄浦斯欲望的再现，尤其是在它们没有被完

———————————————

① 约七到十一岁。

全解决的情况下。童年时未实现的欲望就像是抹不掉的赊账：它们
会不断地重现，直到找到了解决办法。男孩会再次对母亲抱有欲望，
但此时他会为此深感负罪，还会引发他的恐惧，甚至感觉到人格解
体。他现在已经足够成熟，可以有性行为。如果母亲有所触动，男
孩之后就会产生性紊乱或性混乱。女孩则会重新开始其吸引进攻，
而父亲则要用"无性"的心态面对孩子。然而，事实并非总是如此：
青春期也是父亲最会产生猜疑的时期。父亲会关注女儿的"性"，
即使女儿并不乐意，他也要坚持保护、监督女儿：她和谁一起出去？
她做了什么……如果俄狄浦斯冲突在之前被抑制却并没有真正获得
处理，它就会再次出现，家庭会经历一段情欲超越爱的时期。

父母角色的衰落

至此为止，父亲和母亲还是孩子眼中的国王和皇后。孩子认为
他们强大、聪明、漂亮，这也可能是因为孩子需要被他们爱护。以
至于就连受虐的孩子也不曾削弱自己的爱。孩子于是有了家族观念：
他 / 她对这个世界的看法同他 / 她家人的看法一致，父母的典范便
是他 / 她的典范。可惜的是，青春期则是叛逆的年纪：父母变成了
可怜的老人，无法适应青少年的新世界。如果之前没有解决俄狄浦
斯情结带来的怨恨，它们就会卷土重来。然而，这对于青少年来说
并不是一个胜利，反而是一个崩塌：上帝死了之后，如何生活？在
批判父母的同时，青少年其实打击的是自己：他 / 她抛弃了自己构
建身份时的榜样、获得存在感的来源——父母。他 / 她的自恋性：

爱自己的能力，对自己自信，都变弱了。

青少年对父母表现的恨同他／她所感到的慌乱同样强烈，以至于他／她想要重新回到父母的怀抱，就像小时候那样；青少年会将这一欲望投射给父母，以此指责父母。这也是为了获得多种形式的安全感。这种批评的欲望以及被唤醒的俄狄浦斯躁动都使得他／她生活在危机之中。他／她会把和父母的关系赋予性的特征，这让他／她觉得难以忍受。所以就要让父母的形象变得越丑越好！

有爱的父母会对青春期子女的慌乱反应强烈。如果父母的"自恋"还没有强大到让他们安心，他们就难以忍受孩子不再赋予他们"全能性"，就会变得抑郁，更会和孩子进入镜像关系，为的是证明自己有价值。更绝望的情况则是孩子与他／她完全疏离……这就成了一场"自恋"之间的战争……战争，或者说多少有意识地使用不同手段维护孩子的独立。但当父母为了孩子而爱孩子时，也就是说不是为了自己而爱孩子，他们就会看到孩子会满怀敬佩地远离……

孩子的变化会让父母感到这是他们失败和死亡的预兆：他们失去了典范的角色，他们明白自己很快就不是家长了，他们的孩子会成为国王和皇后，也会是下一代的创造者；这更让父母感觉自己接近死亡。因而，孩子的青春期对父母来说也是一个变动，父母有时会招架不住。

同性别团体

爱与被爱，这是青春期的重要问题之一。

在俄狄浦斯情结被适时解决后，青少年就会离开家的暖巢。对于少年来说，"离开"事实上是为了用"另一个我"（alter ego）来重新找寻自我，利用这样一个镜像游戏来尝试着构建自己的新身份。这一身份首先是聚生的，要在群体中找寻，而在这一群体中，存在问题属于接纳问题。为了被接纳，青少年会增多其效忠符号：语言习惯，会被认同的符号（如我们所知的，被"品牌"利用）……这种群体学习也有其重要性，通常会经历神意裁判①的行为，这类似于传统社团的入会惯例，但实现方式更为原始，无所制约。

青春期早期的团体有以下两个特点：理想化和去性化。团体是单性别的，只有男孩或女孩，他/她们为自己找到足够遥远的自我认同偶像和模范，刺激自己的想象力，同时避免所有来自现实的考验。团体也同样会让人联想到弗洛伊德提出的群体心理学。团体通常围绕着一位领导者而构建，而性的关联则是同性的、纯化的。这里还没有个体主体化，而是群体主观性掩盖了已经实现的自恋不足。侵犯（不同的暴力）失去其本来的样子，变得易实现。当事人也不再思考，只是做出行动。

实验和错误

还会有一段时期，团体向另一性别开放。这一美妙的结合会随

---

① 在神意裁判中，神灵被认为可以证明被告无罪。例如，被告将手放入煮着沸水的桶中，如未被烫伤或有某种特殊标记的烫伤，就被判定为无罪……

着异性恋的出现而结束。异性恋不会迅速建立，性别认同会经历犹豫期。青少年经常会脱离团体的聚生机能，选出一位同性别的好朋友：在他者的镜像中，他／她让自己个体化。这个好朋友也可能制造出一次同性恋经历，但这只是暂时的。

之后就到了接近他者的时候。青少年得到了充分的构建或重建，因而能够对一个与他／她不同的人感兴趣，在定义中，这里指的是另一个异性。青少年获得了一定的自我感觉（sentiment de soi），为自己提供新的典范，使得自己能够识别做什么、想什么是好的，什么又是坏的。他／她会通过多少有些强迫的调情来发现两性间的关系。

第一次挚爱会成为置于童年结束与成年开端之间的界石。这份爱被青春期的纯理想化所沾染，常常会遭遇失败，而这一失败对于年轻人来说则显得具有毁灭性，因为这证明了其自恋不足。有时，因为对方年龄或社会地位差异等因素，青春期的第一个爱情对象会是个"无法接近"的人。我们在此可以观察到俄狄浦斯情结的再现：被选中的对象会让人想到那个在儿时渴望的父母。这就是为什么青少年会受想象中的乱伦所折磨，爱慕的对象具有吸引力，同时却不可接近。这也就使得青少年重新体验已经被忘记的、童年时遭遇的爱的挫折，这也会打破其所有的生命冲动，将其封闭在近乎精神病人的想象世界中。

《美丽的约定》①

我们或许可以相信《美丽的约定》确实是作者亚兰·傅尼叶（Alain-Fournier）根据其自传写出的小说。十八岁时，亚兰·傅尼叶邂逅了伊冯娜·德·奇耶伍库特（Yvonne de Quiévrecourt），伊冯娜成了他永恒的得不到的爱情。

在这部小说中，我们能找到青少年爱情的所有构成。一切都开始于一个奇幻的理想之地，奥古斯汀·莫南（Augustin Meaulnes）注意到了两个女性："一位衰老，弓着背；另一位则是身材修长的金发少女。"在这两者的关联中，我们可以看到母亲和女性的结合。少男少女一见钟情。同一天，这位年轻的姑娘（伊冯娜·德·加雷，Yvonne de Galais）离开了，同时拒绝了家里为她安排的婚约。俄狄浦斯情结的第一次满足：父母的代表被分裂。但小说中的伊冯娜·德·加雷并不是可接近的：她仍旧被标有乱伦禁止的记号。

后来，奥古斯汀·莫南寻回了她，"他哽咽着向德·加雷小姐求婚。"体验重逢喜悦的同时，他相信"历史不会重演"。他在欲望和禁忌中饱受折磨。弗朗兹（Frantz，莫南的朋友，也是伊冯娜的兄弟）的召唤割裂了矛盾的双重性：莫南倒退回

---

① Le grand Meaulnes 又被译作《大摩尔纳》《高个儿莫南》《故梦》，是法国作家亚兰·傅尼叶（Alain-Fournier）的代表作，于 2006 年被改编成同名电影。——译者注

同性恋状态。

婚礼之夜的第二天早晨，莫南就逃离了。为了忠于与弗朗兹达成的约定，他要去找回朋友丢失的未婚妻。俄狄浦斯小恶魔又作祟了：莫南找回了弗朗兹的未婚妻瓦伦丁（Valentine），而瓦伦丁其实正是他的情人！莫南占有了弗朗兹的妻子，就像是他曾经想要占有父亲的妻子一样。乱伦的欲望追随着他！在此期间，莫南的妻子伊冯娜·德·加雷难产而亡，源于妻子这一边的危机于是消除了！

挚爱

在整个青春期，寻找挚爱其实是为了找到丢失的确定感：这会是一次新生，是构建一个新的世界，在这个世界里，年轻的恋人们会是新的国王和皇后。也就是说，要同另一个主角，在另一个舞台上重新上演儿时的俄狄浦斯挚爱，战胜放弃对父母的欲望所产生的爱的悲痛。青少年会完全地投入，将爱的对象理想化，以至于甚至常常觉得自己不够格。

加上突然产生的童年时期俄狄浦斯欲望引发的自我贬值感，这种不够格感来得极为容易。照镜子时，青少年会清点出所有自己不被爱的原因……

不可能的爱是青少年之爱的主要类型。恋爱者寻找一个无法接近却具有各类优点的对象：这可能会是一个成年人，一位老师，已婚或恋爱中的人，一个同龄的青少年但并"不是为自己准备的"，原因可能很多（社会原因，地理距离……）。这种情况仍然是俄狄浦斯式的：恋爱对象与其爱恋的父/母相关联，具有乱伦性，这就是为什么恋爱对象是不可能被渴望的。重新开始的俄狄浦斯冲突使青少年筋疲力尽。最终，他/她只会重新获得不被爱的毁灭性感觉。在俄狄浦斯期，他/她还太小，但进入了青春期之后，有大量自我贬值的原因，这与旧世界崩塌却无所取代时体验到的情感相共鸣。青少年可以靠攻击性抵抗一段时间，但等待着的是抑郁，有时甚至走向极端。

在《少年维特之烦恼》中，歌德忠实地描述了这种青少年病。对于歌德来说，这本书是一种自我虚构，甚至是一种治疗：主人公维特自杀了，而不是歌德！但歌德也并非完好无损地走出了危机：在六十二岁之前他都没有能力爱……歌德爱上了一个拒绝他的年轻女孩，这一不可能的爱情折磨着他。

《少年维特之烦恼》

12月4日

我求你……你看，我这个人完了，我再也无法忍受了！今天我坐在她身边……我坐着，她弹着钢琴，弹出各种曲调，全都是她内心情感的流露！全都是！……全都是！……你以为怎样？……她的小妹妹坐在我的膝上打扮她的布娃娃。我眼里噙着泪水。我低下头，看到了她的结婚戒指。……我的眼泪滚滚而流。……突然，她弹起了那支天籁般甜美的老曲子，顿时，我心里感到莫大的慰藉，忆起件件往事，忆起以往听这支歌的时光，忆起这中间那些令人烦恼的忧郁的日子，忆起破灭的希望，还有……我在房里走来走去，心里强烈的欲求令我窒息。……"看在上帝分上，"我说，同时情绪激动地走到她跟前，"看在上帝分上，请你别弹了！"……她停了下来，怔怔地望着我。"维特，"她微笑着说，这笑容渗进了我的心坎，"维特，您病得很厉害，您连最心爱的东西都厌烦了。您走吧，我求您，请您情绪安静下来。"……我立即离开她，冲了出去。……上帝呵，你看到了我的痛苦，请你快快将它结束吧！

12 月 6 日

她的倩影时时跟随着我，寸步不离！无论是醒着还是在梦里，她都充满了我整个心灵！这里，我一闭上眼睛，这里，在我的内视力汇聚的额头里，都有她那双乌黑的眸子显现。就在这里！我无法向你表述！我一闭上眼睛，她的明眸就出现了；她的眸子犹如海洋，犹如深渊，羁留在我的眼前，我的心里，装满我额头里的全部感官。

人到底是什么？这被赞美的半神！难道在他最需要力量的时候，正好就力不从心？无论他在欢乐中飞腾或是在痛苦中沉沦，他都未加阻止，为什么正当他渴望消失在无穷的永恒之中的时候，却偏偏恢复了冷漠、冰凉的意识？

第一次爱的忧伤

没有不忧伤的爱：这就是青少年会发现，或者说是再次寻找到的。这一体验也是一种启蒙的方式。通常而言，青少年会从中获得乱伦情欲及理想化之外的爱的能力。但却又不能常常实现，歌德就是一个例子。

这种爱的方式的特征是完全抛弃爱的对象：我们接受不再一辈子依恋于一个人，因为这也是乱伦的典型：父母才是我们一辈子不能脱离的！既然不再依恋于唯一一个对象，爱便可以再生（爱的感觉在被体验时是依附于唯一一个对象的，我们知道，在这个唯一的对象之后会有另一个唯一……）。这样就不再是悲剧故事了：我们既不会是罗密欧与朱丽叶，也不会是特里斯坦和伊索尔德。我是自由的，我与另一个同样自由的人之间建立了深厚的联结。情欲结束，迎来的是渴望与温情①！如果我们仍旧被乱伦束缚，我们会觉得这种爱索然无味、让人沮丧，平淡无奇，更缺少了强度……

青年期的第一次恋爱让我们重新经历俄狄浦斯之爱，继而超越它。有时，这也是重新处理、超越贯穿童年的俄狄浦斯受挫，而并不需要借助任何心理治疗！尤其能够完全磨灭对父母的渴望，失去被抛弃感。

---

① 在本书的第一部分有介绍。

战胜俄狄浦斯式的悲痛

在爱之中，我们会投射给对方一个画面，把我们最好的优点献给对方。我们因而会在他／她身上找到我们所喜爱的一切——我们的理想自我[①]。换句话说：在爱人的眼中，我是有价值的。可惜的是，在俄狄浦斯阶段，母亲会关注儿子之外的另一位男性：父亲；而父亲也会关注女儿之外的另一位女性……如果找不到排解的出口，或者说是发展的途径，孩子就会陷入无尽的悲伤。

失去爱就像是哀悼一样：在这两种情况下，都会失去爱人。在哀悼时，现实证明了爱的对象已经不再存在。然而，弗洛伊德认为爱的对象会做出反抗。"这种反抗会变得如此强烈以至于让我们脱离现实，用一种对欲望的精神病态幻觉来维持[②]"，我们会将信仰想象成不朽。"尊重现实才是正常的。"弗洛伊德说。当主体从其性欲中抹去了失去的爱的客体，与其进行某种意义上的和解，他／她就重新变得自由了。可是，爱的对象去哪儿了？在俄狄浦斯情结中，爱的对象并没有消失，而（仅仅）是被法令禁止了。

我们知道，如果孩子把自己认同为同性的父亲或母亲，知道自己长大以后，能从家庭以外的其他地方找到爱，那么，解决的方法就是乐观的。然而，有时候，孩子不会完全或立刻对父亲或母亲失去积极性。他／她于是就会停留在缺爱的感觉之中，这也是其抑郁

---

① 在本书的第一部分有介绍。
② 西格蒙德·弗洛伊德（Sigmund Freud），《超心理学》（*Métapsychologie*），Gallimard, 1986。

的来源，因为他 / 她感觉自己只是一个被抛弃的人。于是，孩子很少会对外界感兴趣，会用实际或象征性的方式，忽略所有与失去的爱无关的活动。更糟糕的是，他 / 她会贬低自己。对于弗洛伊德来说，这种自我攻击是用对自身的恨来保护爱的对象，这种方式可以维持与爱的对象之间的联系。父 / 母是拒绝爱的那一方，对于父 / 母的攻击也会无意识地转向自己。至于忧郁，弗洛伊德认为这是一种"卑微妄想"。在俄狄浦斯哀悼期，或是在俄狄浦斯情结没有结束时，我们保持同样的逻辑，但好在强度减弱了。儿子被定格在不可完结的缺失之中，在他的眼里，母亲被理想化，圣母玛利亚就是其典范。儿子脱离了俄狄浦斯幻想，由于母亲因为和父亲的性行为而"身份降低"①，弗洛伊德这样说。因为性本能具有可再现的形态，我们可以说，母亲的理想化程度就是对母亲无意识的乱伦欲望的测度计。

因此，如果在儿时，俄狄浦斯哀悼没有被克服，就会在青春期再次重现，会扰乱整个爱情生活。将被拒绝的爱慕者困在抑郁之中，有时还会出现反常现象。这就是歌德的例子，没有能力爱……拈花惹草。这种轻率是因为相信爱情不可能存在，它以让男女受痛苦为代价。所有人都要为父亲或母亲曾经的拒绝付出代价。

---

① 西格蒙德·弗洛伊德（Sigmund Freud），《性生活》（*La Vie sexuelle*），PUF, 1967。

一夫一妻，一妻一夫

当青少年在长时间中只向一个对象倾注感情，从性的角度看，我们可以认为他 / 她成了成年人。这时，只有在这时，他 / 她才离开自己的父亲和母亲，就像《圣经》里的耶稣所主张的那样。

弗洛伊德说，要"战胜父母的权威"，"收回对他们的依恋"，这就是青少年要完成的任务。成了大人的孩子对父母怀有尊重、感激的情感——但这不是过度的依恋。弗洛伊德明确指出。每次"绝对的子女之爱"续存时，我们就能够重新找到无意识的乱伦之爱：

"表面上看，对父母的爱与性无关，而性爱却靠同样的养料滋养，这就反过来说明对父母的爱仅仅是一种固定的幼儿性欲①。"

———————

① 弗洛伊德（Sigmund Freud），《青春期变形》（*Les Métamorphoses de la puberté*），《关于性理论的三个测验》（*in Trois essais sur la théorie sexuelle*），Gallimard, 1987, p. 171.

第三部分

缺失的父母

　　缺爱引发的心理上的不安全感源于我们个人的成长经历。也就是说，我们所拥有的家长（或者我们所成为的家长）对于孩子的构建起到决定性作用，而这个"孩子"会无意识地存续在成年人的精神中——孩子对于父母吸引力的反应也同样具有决定性。所以，对家长缺爱的方式做出规整就显得有用处了。这不是为了控诉：家长和孩子一样，是其潜意识的客体。让我们回顾一下弗朗索瓦兹·多尔多用来表现父母责任的隐喻：高速公路上发生连环车祸，如果一辆车由于后面车的冲撞，碰上了前面的车，这辆车有责任吗？

　　因此，我们可以勾勒出命运的样貌，它具有代代相传性，而精神分析就是要找出问题所在并进行纠正。父母不对他们在无意识中传达的东西负责，就像他们多少不对他们传承的基因负责一样。

7

当父母抑郁时

母亲产后抑郁 - 死去的母亲和非幻觉精神病 - 逃避责任
的抑郁父亲 - 父亲抑郁 - 恋母的孩子和弱势的抑郁父亲 -
如何应对?

然而,精神分析并不能解释所有的问题。父母抑郁的原因会是
多种多样,其中我们也不能排除战争、自然灾害、贫穷、远居他乡、
失业等原因。当代家庭中的一类就是我们所说的单亲家庭,在这样
的家庭中,母亲独自对抗贫穷,养育孩子。

但无论是什么原因引发的抑郁,都会阻碍父母付出爱,并对孩
子产生影响。

母亲产后抑郁

首先要把"产后抑郁"与"产妇忧郁(Baby blues)"和"产后
精神病"做出区别。

研究发现,产妇精神崩溃很罕见,在分娩后的几周,它仅会威

胁千分之二的母亲。产妇忧郁（Baby blues）则会随即出现并在第一周消失：母亲的脾气多变、焦虑、易怒。她的配偶会是其最喜欢攻击的对象之一。Baby blues 是孩子出生后，产妇对自己的变化所作出的反应，尤其是第一次生产后。这是完全正常的现象。

产后抑郁会在孩子出生后的一年中出现，每六位母亲中就会有一位受到影响，（大部分情况下）抑郁会自行消失。产后抑郁通常与怀孕时和怀孕后的外界因素有关。可能是引发痛苦的事件，例如丧事，家庭冲突或是家人不在身边；这些事件都会让母亲变脆弱，对自己失去信心。

我们并不会想到抑郁，因为母亲会对其施加防御。母亲很少会表现得虚弱无力，反而会过度积极、躁动、有活力。她睡不着觉，不停地担心自己的孩子。

而孩子的状态也证实了她的担忧，将其封闭在错误的圈子之中。因为事实上，母亲的焦躁不安会干扰孩子，孩子会睡不好、哭泣、回奶、腹痛……母亲无法让自己成为孩子的"好乳房"，反而成了"坏乳房"：她过于焦虑，以至于无法给予，很难承受来自孩子的攻击。而丈夫也无能为力，他没办法让妻子安定、放心，母亲于是停留在对孩子的担心之中。

这一阶段对孩子留下的影响是被我们长期低估的：孩子会很难同其他孩子建立联结，表现出学习障碍，缺乏创造性，还常常会有多动症。

原初母性倾注

唐纳德·W.温尼科特将原初母性倾注描述为正常的母性疯狂，因为母亲是"二合一"地生活：从身体上来看，她和孩子是分离的，但心理上她还觉得自己与孩子融合在一起。与其用"疯狂"这个字眼，我们可能更倾向于将此描述为"母性冲动"。就像在热恋之中，爱的对象被高估：她出色的宝宝非同寻常，母亲日夜服从于孩子的要求。她在精神上与孩子处于连续体之中，能够感知到孩子的状况，觉得自己能够猜出孩子任何微小的期待。她甚至有时候会觉得和孩子之间有心灵感应……

孩子完全能够感觉到母亲的照料，这也使得孩子可以安然地享受他/她不得不承受的依赖关系。母亲为此感到满足，感到自己的强大，因而变得更加坚定。这种幻想是有用处的，能够帮助她承受孩子（当然不是故意的）给她带来的失望感。

一些女性并不会停留在原初母性倾注阶段。但还有一些则无法从中摆脱出来。

死去的母亲和非幻觉精神病

法国精神分析学家安德烈·格林（André Green[①]）描述了儿童

---

① 安德烈·格林（André Green），《生的自恋与死的自恋》（*Narcissisme de vie, Narcissisme de mort*），Éditions de Minuit, 2007.

抑郁的一种，会发生在母亲抑郁之后（因为经历严重事件，如丧事、离婚、背叛……）。他说：

"发生的事情会成为意外的变化，母亲的意象也会产生根本的改变。至此，主体原有的活力会突然停止，被卡住，之后就一直被封锁。而在此之前，孩子与母亲之间缔结了丰富且幸福的关系。孩子感觉到自己被爱，幸运至极，甚至以为这是最理想的关系。在家庭影集中，照片上的小婴儿开心、机灵、对周围感兴趣、潜力十足，而之后的照片则见证了孩子最初幸福的丧失。这种情况的突然变化是由于母亲的严重抑郁使孩子对母亲的意象发生了改变。这一母子关系的灾难发生时，孩子还太小，无法在心理上消化这种影响。孩子不仅丧失了一部分联结，还失去了意义。[1]"

安德烈·格林如此描述"死去的母亲"。

"死去的母亲并非漫不经心、粗心大意。我所说的死去的母亲，她将死亡带在身上。将这一死亡传续至与孩子的关系里，而在此之前，孩子还是她的心肝宝贝[2]。"

因而，在实体上，母亲并没有缺席，但她在与孩子的关系中缺席。孩子还什么都不懂，因为年龄太小以至于无法构建什么：失去意义，变得空虚。孩子对联结的可靠性失去了信心，也对自己失去了信心。他/她的自恋欲变弱。再往后，他/她会很难在恋爱关系中倾注情感。

---

① 格雷戈里奥·考侬编（Gregorio Kohon），《丧母与安德烈·格林著作研究》（ *Essais sur La Mère morte et l' œuvre d' André Green*)，Ithaque, 2009.
② 同上。

《恋人絮语》

在《恋人絮语》[①]中，罗兰·巴特对"死去的母亲"做出了令人惊讶的描述：

衰隐：在这一痛苦的考验中，爱的对象似乎与一切接触相脱离，这种谜一般的冷淡甚至没有针对爱的主体，也没有施惠于他人或是对手。

他者的衰隐如果发生，这会让我不安，因为这似乎没有缘由也没有期限。这便是一场伤感的幻象，他者走远了，近乎无限，我在追赶的过程中筋疲力尽。

罗兰·巴特补充道："母亲的出现就成了噩梦，那面孔严厉而又冰冷。爱的对象的衰隐，是坏母亲的可怕重现，是难以解释的爱情的消隐，是神秘主义者常经历的抛弃：上帝存在，母亲存在，但他们不再爱了。我没有被摧毁，只是被留在了那里，犹如废物。"

之后，他又提出了诊断："但是在衰隐中，对方好像失去了一切欲望，他／她被黑夜吞噬了。我被对方遗弃了，不过，这是双重的遗弃：对方本身也被这遗弃所攫住了；他／她的形象仿佛褪色了，被清除了；我找不到任何东西来支撑自己，因

[①] 罗兰·巴特（Roland Barthes），《恋人絮语》（*Fragments d'un discours amoureux*），Seuil（门槛出版社），1977.

> 为我感觉不到对方的任何欲望，哪怕是对其他人或物的欲望都不复存在：我是为一个正在居丧的对象悲痛（由此，不难理解，我们多么需要对方有欲望，哪怕这欲望的对象并不是我们自己）。"……在此，我们又一次证明诗人说的有道理！或者说，他至少拥有精神分析学家的敏锐感知（除非巴特已经读过安德烈·格林的著作？）。巴特说，如果母亲至少还渴望另一个人——父亲！被母亲抛弃的孩子就会有意义，能够进入俄狄浦斯冲突中去。可黑夜里的母亲并不允许这件事发生。

　　孩子如何应对这种创伤？如何抵御它？脱离母亲的同时却又要让自己与她相认同。

　　孩子在面对母亲的客体时被剥夺了恨：我们不会去攻击一个死去的母亲，更不会幻想自己要对母亲的抑郁负责。在母亲的位置上，什么都没有了；用安德烈·格林的话说，这是一个"心理空洞"。会在孩子的心理构造上产生沉重的影响。

　　同时，孩子在将自己与母亲相认同的过程中，会无意识地寻回她。孩子和母亲一样死去了：冷漠，失去生命活力，同他人没有联结。

　　最严重的情况下，在孩子成年后，会按照自己的"分裂"进行建构，就好像自身有两面共存：一方面是正常的自己；另一方面则是那个死去的母亲，无法建立联结，无法相信自己与他人。这就是安德烈·格林所说的"非幻觉精神病"（也称白色精神病，psychose blanche）：这是一种临界状态，既不是精神性的，也不是神经性的，患病主体会感觉到空虚，就像是被变模糊了，无法占有一个位置，也无法赋予自己的人生一个意义。

然而研究发现，那些遭遇过"死去的母亲"的成年人看起来也并非抑郁。他们更为亢奋，没办法停止某件事情。他们总在不停地寻找认同，一些人认为这种认同可以从艺术活动中找到。当他们获得成功，就能够获得自恋安慰感。但他们的"爱无能"会毁掉作品的意义以及他们的个人生活。

在这种反常之外，我们还能够在这种"死去的母亲"的情节中找到一种每个人都多多少少经历过的体验。

"我们中有谁没在某段时间里经历过悲伤、对生活失去兴趣？如果认为母亲不会像我们所有人一样拥有抑郁期，这种想法绝对是疯了。好在我们从中康复了。^①"安德烈·格林曾这样说。

安德烈·格林本人也在童年时经历了这种情况。精神分析学理论的制定常常根植于自己的亲身经历。在格林两岁时，他的母亲经历了抑郁：

"我母亲因她的一个妹妹在意外烧伤后去世，而变得抑郁。我看过照片……我们可以从她的面庞上看得出她的抑郁真得很严重。在当时，治疗并不完善……她去了开罗附近的一个温泉中心疗养。我只能料想自己对这个经历印象深刻，而这一经历当然得要经过三次分析才能够被完全再现。"

不过，安德烈·格林最终治愈了自己！

---

① Gregorio Kohon（格雷戈里奥考侬编），Essais sur La Mère morte et l'œuvre d'André Green（《丧母与安德烈·格林著作研究》），Ithaque, 2009.

逃避责任的抑郁父亲

同抑郁的母亲一样，抑郁的父亲也无法满足孩子的情感和依恋需求。他无法成为亨利·阿布拉莫维奇（Henry Abramovitch[①]）所描述的"足够好的父亲"："亲近但不过于亲密，强大但不施加控制，有感情但不是引诱者，这是慰藉，也是守则，它可以成为孩子的支持，也同样保证了孩子的自立性。"抑郁的父亲会让孩子（男孩或女孩）任由母亲处置，而母亲则想要依靠孩子使自己的欲望得到满足。孩子会试着做出响应，但不能完全让母亲满意！因此，母亲的要求会让孩子觉得不安甚至可怕，因为它是无止境的。抑郁的父亲无法保护孩子与这样一个被拉康称作是"Inassouvie（欲望无法被满足的，吃不饱的）"母亲保持距离。

同样，抑郁的父亲无法让孩子适应肛欲期。孩子需要有人抑制他们的全能欲望、暴虐冲动。幸好在此阶段，母亲可以掩盖父亲的缺失。

父亲抑郁

产妇忧郁（baby blues）似乎和"产后抑郁"一样，也会在父亲们身上出现。这也是我们最近才知道的。自从父母的性别角色灵活

---

① 《"父亲"的形象》（Henry Abramovitch, *Images of the "Father"*），《父亲在儿童成长中扮演的角色》（in Michael Lamb , *The Role of the Father in Child Development*），John Wiley & Sons, 1997.

分配之后，人们开始关注父亲。流行病学者证实，每十位父亲中就有超过一位会患产后抑郁，而病症的表现则是攻击性。这可能会让孩子有语言障碍（据观察，抑郁的母亲不会对孩子产生这一影响），变得好动、爱吵闹。

同母亲一样，父亲身份的获得会改变父亲的精神状态。

我们听说过丈夫假分娩的旧仪式。父亲取代母亲，躺在床上，怀里抱着孩子。人们前来恭喜他，就仿佛孩子是父亲刚刚生下的……这种仪式现在消失了，但我们却依旧能观察到"假分娩的症状"，该症状会影响约十分之一的父亲。这属于身体心理医学所描述的紊乱，会让人联想到孕期紊乱。有时，父亲会出现代偿失调，甚至有精神病症状。在母亲妊娠和分娩期间，我们常常会观察到放纵行为的出现：父亲酗酒、打架、寻艳遇……

这类紊乱可能会触及对女性身份更为认同的父亲。任何男孩，在俄狄浦斯期，都应当拒绝像自己的母亲一样在肚子里怀一个孩子。但有些男孩对此并没有完全抗拒。这也是奶爸（paman）的例子，这些新手爸爸想要比他们的妻子更好地照顾孩子。

这就是父亲要做的第一个身份认同改动：再次确认自己的父亲身份，与母亲身份做出区别。所以，如果父亲在童年时没有解决俄狄浦斯期的冲突，在孩子出生后，这些冲突就会再次出现。

父亲抑郁的原因可能如下：婴儿的出世使父亲与自己父母的冲突再现。他会无意识地想到自己永远不可能像自己的父亲那样好，他也会重新寻回幼时对全能母亲的恨……而自己的妻子恰使他想到这一点。他也会遭遇退化期，感觉自己的孩子像是自己的对手，从他的妻子那里占据了他的"孩子"地位，他把妻子想象成了自己的母亲。想想那些在有了孩子之后，称呼他们的妻子为"妈妈"的父亲们吧！

孩子的出世同样会引发隔代的紊乱。孩子就像是一个"幽灵"，无法与其建立父子的关系：孩子填补了死者、消失者的位置，他 / 她在那里是为了完成家族使命，有时会与几代人相关。

更常见的情况是，孩子出生后，父亲要把两个人的关系推及至三个人的关系。他无法排除孩子，与妻子构成二人世界；也不能只和孩子维持两人关系，而这就像是寻找和自己母亲的融合关系，不过颠倒了角色（他成了孩子的母亲，孩子成了他自己）。在母亲与孩子构成的二元体之中，他要找到自己的位子，介入成为第三者：让母亲像对待期望与他（父亲）拥有的那个孩子一样，像对待他们共同期望拥有的那个孩子一样，对待现在的孩子，这就遵照了 1+1=3 的公式；还要让孩子感觉到母亲也关注其他人（父亲）。而抑郁的父亲如果不再自我封闭，就能够艰难地走出这种两人关系。

恋母的孩子和弱势的抑郁父亲

在俄狄浦斯冲突期，抑郁的父亲如何维持他的角色？

他没能在母女的二元体中找到自己的位置；当女儿感觉他威胁自己与母亲关系时，他也不知道如何处理女儿的攻击。如果母亲不支持自己的丈夫，不认同其价值，父亲就几乎不会成为女儿渴望的对象，女儿会继续认为母亲才是"拥有自己的人"——她至少在心理上这么认为。女儿可能会继续保持对母亲的依恋，因为父亲没有能力爱她。这至少是她的想法。

女儿也可以发挥"药物"的角色。她就是父亲的抗抑郁剂，能够治愈他。多亏了女儿，父亲恢复活力，女儿就是他生活的快乐。父亲与女儿缔结了亲密的关系。两者会给人留下密切的伴侣印象，这多少有些乱伦意味，也并不是没有把母亲排除在外的意味。这种情况下，父亲无法提出禁止乱伦的法令。而女儿则从中赢得了一种权力感，这同时也使她自恋化、幼稚化。因为她并没有被父亲想象成是未来的妻子，而是曾经的母亲。所以，这对于女儿来说是个陷阱；而对于父亲来说则是逆退的喜悦时刻，他让女儿为自己服务，没有为女儿考虑。

我们说过，孩子在父亲的威严下，放弃了对母亲的乱伦欲望。这是因为在幻想中，他害怕被父亲阉割，也同时因为他爱自己的父亲，他要将自己与父亲相认同。这样做也是为了更好地杀死父亲：为了超越父亲。一个强大的父亲会为自己儿子的成功而高兴，但一个弱小的父亲则可能与儿子保持竞争关系。

因为抑郁而变弱小的父亲很难维持自己的位置。他很难维持儿子的阉割幻想：男孩因而会获得胜利感，想象自己把母亲留在了身边。一旦成年后，他就可能在爱情关系上出现困难，而这些关系也都会有乱伦的特征。这些不会阻碍他为象征性地杀死了自己的父亲而产生负罪感：这便是神经官能症的一个好主题！此外，他没有从自己父亲那里找到值得自己认同的有价值的形象。如果他无法从别处找到值得认同的男性偶像，他就会觉得自己软弱，没有男子气概。

如何应对?

在向父母提供帮助时，任何孩子都会立刻体验到潜意识中的优势。他 / 她从幼儿时期开始就有能力感知父母有意识、无意识的情感，仿佛与父母同体了一般。所以说，对于父母，孩子可以扮演心理医生的角色。有时，孩子们甚至会将此作为毕生的任务，奉献出自己的成年岁月……而这就要求完全的自我牺牲：为自己设一座十字架。我们当然明白，接受子女如此牺牲的父母一定不怎么爱自己的孩子。所以就要避免让孩子成为自己的治愈医生。

此外，童年时代，孩子在父母抑郁后体验的经历常常是隐蔽的，是被父母所忽略的，他们甚至都不知道自己抑郁过。然而，重新找到儿时经历过的缺爱常常可以让人们走出自己的抑郁时光。这确实显得自相矛盾：重新找到缺失的爱可以提供爱。将找回或重建的情境用话语表达出来，赋予其意义，这可以帮助我们重获生机。更重要的是，缺爱似乎并不是绝对的。

8

抛弃子女的父母

出生时被抛弃－父亲抛弃子女

抑郁会让父母在心理上抛弃他们的子女，而真实的抛弃则会让
孩子，之后的成年人将此看作是一种贫乏、缺爱。

出生时即被抛弃

同传统印象相反，抛弃孩子的母亲不一定是少女妈妈、穷人或
是被情人抛弃的女性。这些因素确实会有所影响，但她们的差别则
促使我们从别处寻找答案……设问却又不给出决定性的答复。

根据我们的理解，一些女性在她们人生中的某个时刻，面对这
个孩子，感觉自己不可能成为母亲——而且是在孩子出生后。既然
这些抛弃孩子的女性并没有堕胎，这就说明她们曾经希望或是接受
孩子存活的事实，她们还与胎儿保持了使之存活的关系，证据就是
她们没有流产！我们因而可以认为这些母亲想要这个孩子，想要生
下他／她，但却不能承担家长的角色。

心理因素似乎是多种多样的。我们之前提到过，怀孕对于母亲来说是一个深层改变的时刻，她会重新感知自己童年时的欲望，也就是说俄狄浦斯情结被唤醒：拥有一个孩子便是同母亲的竞争，是对父亲的爱……抛弃孩子的原因可能是孩子太具有象征性的乱伦特征。如果母亲无法在心理上与孩子分离，或者说她觉得自己没有能力与孩子相区别，剩下能做的就只有身体上的决裂。此时，第三者常常是缺失的，她与孩子处于二元关系中，没有父亲的介入；父亲要么被她拒绝。抛弃孩子还可能是拒绝一个男人"使她拥有孩子"的一种方式。

匿名生产的好处

我们提到过，匿名生产还是法国的特例之一，将会被取消。被匿名产下的孩子是痛苦的，因为这违背了知晓自己出身的人权。克里斯蒂安·弗拉维尼（Christian Flavigny[①]）证实，大部分被匿名生产的孩子都是保持沉默的，"因为长久以来，在收养家庭中，他们已经克服了原初抛弃所引发的问题。"我们因此可以认为，只有那些与收养家庭存在矛盾冲突的孩子才会要求回到自己的生身家庭。

所以要指出，或者说是重申，从生物学角度对自己身世的追寻，

---

① 克里斯蒂安·弗拉维尼（Christian Flavigny），《当日的父母，永恒的孩子》（*Parents d'aujourd'hui, Enfant de toujours*），Armand Colin, 2006.

是对父母身份和人类存在的动物性构想，这也是唯科学主义、医学对于我们的精神状况做出的影响：人类由酶、基因等构成。然而，并没有很多孩子重新找到他们的"血缘"父母：他们总是称呼养育自己的人为爸爸妈妈。

在精神分析疗法中，"父母身份"同"子女身份"一样，都源自于父母和孩子的欲望：孩子将这个男人选为自己的父亲，把这个女人选作是自己的母亲。生物学事实同样如此！克里斯蒂安·弗拉维尼写道，"作为收养的关键条件，匿名生产并没有剥夺孩子的权利，而是让孩子趋向于实际有效的亲子关系，这也是他/她个人身世的中轴"，有爱的父母对其抱有期待，将其收养。孩子若要接受这一点，当然要做到克服血缘父母爱的否认（有意的或是被迫的）。

如今，重组家庭越来越多，这一起源问题、生物学问题或者说是欲望问题变得尤为重要。继父和继母也是孩子的爸爸妈妈，这区别于任何遗传相关问题。

父亲抛弃子女

父亲抛弃孩子的形式多种多样，都是基于结构性缺席，我们可以说：自1945年起，人们就没有停止重复父亲的弱化。对此，我们是没有异议的。从定义上看，父亲确实是缺席的，我们不可能从他那里获得同母亲那里一样多的期盼：我们永远不会和父亲拥有和母亲那样的亲密关系，因为这种关系的根源来自于母亲的怀孕期间；父亲当然可以变得极具母性，但他缺少的是母亲的身体！

我们忘记了父亲的特征就是要比母亲离孩子更远：也就是说母亲所指定的就是她所渴望的，而这对孩子来说是神秘的，因为他/她被排除在这一欲望之外。就此而言，父亲就像是一个开口，他的化身在别处，但轮廓却无法被勾勒出来。一位完全被认同的父亲，他的孩子也会被催促着与之相认同，而这样的父亲更像是一位被滥用的母亲，或者至少是个组合型家长 ①。

然而，在阅读如今的专业报刊时，我们似乎感觉到如果父亲不能和母亲做得一样好，孩子就会有损失……父亲要给孩子裹褓褓，喂奶（不得已只能用奶瓶！），要抱孩子，要在每日的小事中出现……他要提出限制而不是禁止。如果他倒霉地抬高了声音，提出了要求，他就成了专横的男权主义者。

也就是说，对于父亲，我们又讨厌又不讨厌：不在场时，他显得有必要出现；露面了，他又显得碍事。有时，与其忍受他在场，我们更倾向于抱怨他的不在场。

正是基于这种矛盾情绪，考虑到父亲的特殊性，我们描述出了父亲的缺席。

父亲抛弃孩子的经典形象就是父亲在出现时的不在状态。孩子在餐桌上、花园里遇到父亲，但他几乎不讲话！表面上看，有别的事情让他感兴趣，这用几个词就可以总结，那就是：他的工作。如果父亲不在状态，那是因为他要工作……

我们会在本书的最后一部分讨论父母离异和重组家庭的问题。

---

① 幼儿对家长形象的早期想象：有阴茎的母亲和有乳房的父亲。

9

专制型父母

权威和转移－专制型父母－绝对服从法令的父母－爱与
惩罚－如何应对？

对于孩子来说，父母如果严厉、过于专制，就说明他们并不够
爱自己的孩子。这类互联网上大量涌现的错误观点也来源于此，同
时代表了周围环境对父母权威的态度："孩子的小身板和社会地位
决定他们不必忍受成年人的权威和'优势'。至于这些成年人，我
们可以简单地把他们比作是地球上的独裁者。"一位女博主如此写道。
这是因为很难对权威和专制做出区分！你是成人还是孩子决定了你
的判断……

权威和转移

因而，在做出更多论述之前，有必要澄清"权威"的定义。"权威"
中含有对上级的从属，像儿童专家阿尔多·纳乌里（Aldo Naouri）在
访谈中提出的那样，他说：

"权威的建立，不是愤怒，不是巴掌或是打屁股，这是我反对的，

权威是家庭内部的等级制度，尤其是要对权威有所知觉[①]。"

家庭内部的等级制度，就像在公司或部队中一样？

如果有必要的话，对阿尔多·纳乌里说法的解释可以追溯到"等级制度（hiérarchie）"的词源，我们可以将之理解为长者的权威，因为在希腊文中，arkhaios可以被理解为"长者，前辈"。同样的，"父母（parent）"这个词来自于拉丁语的"parere"，意思是生殖。所以说，权威并不是建立在用于控制、支配的霸权之上，在我们所讨论的问题中，权威更多地来自于父母与孩子之间地位的不同。

而地位的不同是根据亲代排序，父母先于孩子存在。父母是孩子的创造者（auteur），他们因为孩子而增值了[②]。既然他/她是创造者，他/她就拥有权威。也就是说两者之间存在继承顺序。继承对于孩子来说也是遗产，而对于家长来说则是转移。

"权威"因而是几代人之间的继承效应，也暗含死亡之意（如果代代相传，一代人去世后就会为下一代人腾出位子）。权威传承来自生者，这可以避免上一代人的所得在死后消失。就此看来，对于父母来说，对于权威的施加要通过顺应他们所要传承的，以及他们已经继承的。如果他们的话能构成权威，那是因为是死者借已经得到传承的内容发了言。有时，父母也会冒充独裁，他们知道这是一种角色，但不会自投罗网。我们已经提出了这个观点：父母代表他们自己所付出的法令。同严苛的父母不同的则是他们知道法令并

---

① 关于其著作《教育自己的孩子》的访谈，Odile Jacob, 2008。

② "auteur（创造者）"的词源是拉丁语的"augere"，意思是使增长：创造者因其作品而增值。

不是自己制定的。

在西方的理念中，这是所有人都要服从的无情规则：其意义就像是时间箭头（既是方向，又是含义）。孩子继承父母，这里的继承有两个意思：紧随其后，为了有一天能占据父母的位置。由此而言，权威具有促进性：它提出指示（既是命令，又是结构）为了在合适时让出位子。我们因而可以进一步认为这即是馈赠、又是爱。

一旦理解了权威带来的益处，孩子就会接受它。然而，对此，如今的文化氛围却不鼓励，这就使事情愈发显得困难了：我们的个人自由旨在拒绝任何权威，为的是能够做任何自己喜欢的事，过去的已经过去了，所以就没有价值了（包括父母在内），或者说仅在短期有益。就此而言，我们的自由主义文化拒绝亲代排序，而权威却要建立在亲代排序之上。

权威的诞生

弗洛伊德将其著作《图腾与禁忌》视为真实的虚构，在这本书中，弗洛伊德构想了文化和权威的起源。他写道，在开始时，专制者是部落中的父亲：他乐于制定法令。将部落中的所有女性据为己有，不让儿子接触。大部分女性是他的女儿，或者是孙女，这都无所谓！他就是绝对父权。精神上，他代表的是童年的全能之父。我们发觉他与天父有很多相似之处……然而，正因如此，原始部落的父亲也升上了天：他那些受挫而嫉妒的儿子们群起而攻之，将他杀死。

他们因而可以为所欲为，大肆庆祝一番！或者说，像他们的父亲一样。然而，事实并不会如此……这可能是因为现实因素：为了拥有女人而相互竞争，这便是给每个人签署了死亡判决，因为总会有人比自己强！弗洛伊德说，因为其全能性，这位他们所憎恨的父亲同时也是他们所崇拜和爱戴的。杀了父亲，他们都会有罪恶感。

因为负罪感，因为他们爱父亲，他们接受了一种弥补的方式：放弃部落中的女性。他们建立了禁止乱伦的法令，到部落外寻找女性。

父亲活着时，他们拒绝他，一旦将其杀死，他们又接受了他。来自于外界的禁止变成了他们心中的法令：他们接受并内化了法令。父亲在死后获得了权威。

在孩子的成长过程中，我们可以发现这一微妙的变化：三岁时，孩子不得不接受来自外界的禁止，这也是父母为了保护他们而强加的（然而，孩子常常并不能完全理解）。到了俄狄浦斯期，孩子开始将法令内化，但只有到了青春期时，这项工作才能够结束（或许也不一定）。在杀死象征性的父亲的同时，孩子将父亲竭力传达却未获成功的法令内化。反常的是，一个一直被严厉父母控制的顺从孩子，或者说一个屈从于外界禁止、没有将法令内化的孩子，他 / 她就像是一个沉默的野蛮人……等待着属于自己的时机！

父母建立权威的工作其实是一项爱的工作，而正是这一工作可以让孩子获得人性。

此外，我们可以说没有谁的童年不受权威监控。孩子需要被作为孩子看待……

如果相信词源学的解释，"孩子"（法语词 enfant，前缀 in/en 表示否定，fant 则是 for, fari "说话"的现在分词）就是被剥夺了语言的人，比如在传统的餐桌上，但也不局限于此！我们也可以把"孩子"（enfant）理解为：没有完整话语权的人，因为他们无法做出答复，也就是说在社会关系中，他们无法对自己的行为和语言负责。因而他们的话语是无意义的，没有分量——而这也使得孩童幸福的絮语成为可能，它们出色而有创造性，因为不用担保什么。不过，孩子的话也不是没有用处的！随着圈子的扩大（从家庭到学校，再到成年后步入社会），能得到回应的言语也会逐渐形成。如我们所知，真正复杂的是学会负责任。这就是为什么有必要给孩子一段无忧无虑的时光，其间他们并不需要负什么责任：给他们留出学习的时间，同时提供预留的空间。因此，正如我们常说的那样，学校还只是象牙塔，同家庭一样，学校应该是孩子庇护所，只能逐步地向社会开启大门。因而，保护这样一段童年时光也是"权威"的职责范畴。

专制型父母

权威泛滥其实是缺爱的征兆，因为这暗含着父母对孩子缺少同理心。在此种情况下，家长过于严苛，不考虑孩子的情感，当孩子不服从时就会大为吃惊！他们冷冰冰地实施严格的规定，宣称自己是秩序的追随者。也就是说他们不会给孩子自主权，孩子则会觉得自己被剥夺了选择的权利。这就会导致孩子无法学会自己思考，而是倾向于要依靠别人的意见才能知晓自己该做什么。严苛的教育如果征服了他们，他们便会因此缺乏积极性、自主性、好奇心……

恶之平凡

罗伯特·梅尔勒（Robert Merle）的小说《死亡是我的职业》描述了鲁道夫·朗（Rudolf Lang）的一生。鲁道夫·朗出生于德国的平民之家，他的父亲决定让他成为一名教士，并给予他严苛的教育。他最喜欢的一种惩罚方式就是让孩子连续几小时站在卧室打开的窗户前，还要举高手臂，冬天更是如此。鲁道夫·朗在奥斯威辛集中营结束了自己的职业生涯，官职显赫……这本书的灵感其实来源于鲁道夫·豪斯（Rudolf Höss）——奥斯威辛集中营的高官之一。

在小说的序言中，罗伯特·梅尔勒写道："在纳粹主义的影响下，诞生了成百上千的鲁道夫·朗，他们是不道德中的道德者，是无良知的责任者，是被他们所从事的严肃职业推上高位的管理者。鲁道夫所做的一切，都不是出于恶意，而是为了服从绝对的命令，对长官忠诚，对国家遵从。简言之，他们是有责任的人，也因此而变得像怪物一样可怕。"

如果孩子运气好，找到了另一个家长式的典范——如：祖父母、学校的老师……孩子会得到良好的构建，有一天，就只有用反抗的方式，痛苦地与自己的父母分离。他 / 她没有其他选择，只有靠行使一定的暴力来解决（至少在开始时）。

所以，我们会说，专制型父母会对孩子施加权力，但这么做没有任何正当理由，完全取决于他们的意愿，甚至是随性为止。这种家长就是独裁者：他们认为自己是造物主，是自己给了孩子生命，孩子因而亏欠自己。所以在他们眼中，向孩子施加绝对权力是正常的。

绝对服从法令的父母

同独裁父母不同的是，有些父母因为施加过多的法令而变得专制。他们不比独裁父母更爱自己的孩子。我们可以将他们所受到的教育称为"大超我"。长时间以来，一些基督教家庭便是如此，在这些家庭中，宗教被施加给每个成员，渗透到所有的生活细节中。在此种情况下，惩罚是出于爱。

心理上看，独裁父母就是一个大孩子。他们还受原初自恋控制[1]。正如从前人们谈论迷恋上帝的人，我们今天所说是的"迷恋法令"的父母，他们服从于被他们所内化的迫害式家长。我们说过，自从俄狄浦斯期，孩子就会开始接受法令，我们可以从心理学的两方面（多是无意识的）观察到。理想自我向主体指明哪些是值得做、值得想、值得享受的。而超我则指出哪些是不好的。如果超我过量，就会形成怪圈：不但行为会受到指责，就连无意识的、没有实现的

---

[1] 第一章里有关于原初自恋的描述。

想法与欲念也是如此！因此，只要稍动邪念，"超我"就会把我们视作是捣乱分子，发作并惩罚我们！为了发号施令，超我利用我们最原始、暴虐的无意识冲动：超我变得凶残冷酷。我们不得不投降于它所授意的忧郁乐趣之中：这是我的错，是我犯下的大错……唯一被许可的快乐就是受虐式的，而这也是唯一能够缓解罪恶感的方式。

既然父母被视作是爱自己的孩子，他们就应该像对待自己那样对待孩子：用同样残酷的方式。

孩子可以对抗专制的父母：父母的手段很明了，甚至是幼稚的，只需一点点正义感便可以与之对抗。超我式父母的影响则更具有隐伏性，它会让孩子把法令视为是正义的，并坚定地接受。这类家长制造的损害则更大，孩子有时会很难独自摆脱神经官能症，觉得自己被束缚。我们可以建议孩子咨询心理治疗医生，尤其是学会对爱的范畴和不爱的范畴做出区别。

爱与惩罚

过于专制的父母是惩罚的信徒，而不是处罚的拥护者。其实，这些家长不知道做出区分。在进行惩罚时，他们满足的是自己的怒火，缓解了痛苦，也就是说，他们考虑的更多的是自己以及孩子犯下的错误，而不是孩子本身。惩罚是一场报复，原因是孩子没有按照父母的意愿行事。我们因此处于与"自我"的斗争中。按照这一逻辑，纠正不服从的人于是显得正常：体罚，侮辱都显得合时

宜……既然他/她让父母不好受！惩罚的侵略性使得孩子只有两个
选择：让自己比父母更有侵略性，从而支配他们（这在年幼时很难
实现！），或者强压住怒火……在这两种情况下，惩罚都不可能让
孩子接受所违背的规则，而规则的运行则像是一种条件反射：一旦
违反了规则，孩子就会害怕父母的惩罚。于是，孩子学会了运用计
谋；对滥用暴力更是习以为常，因为父母就是这样做的！孩子对此
记忆犹新……

　　而处罚则与规则、法令的实施与否相关。它可以是积极的，也
可以是消极的：它是对遵守规则的嘉奖，也是对违反规则的处罚。
积极的处罚旨在帮助孩子接受法律，这也与其本意相关。例如，当
孩子不再打自己的同伴时，他/她就可以去朋友家玩耍。而"罚"
则常常代表着弥补犯下的过错。例如：赔偿弄坏的东西，清理弄脏
的东西。

　　惩罚是冲动时做出的，而处罚则是在冷静时行使的。在处罚的
逻辑中，人们会提前告知违反规则的后果，孩子会听到："我要告知你，
如果不整理房间……"处罚是经过深思熟虑的，家长想着要做到公正。
在这种情况下，处罚就标志着爱——如果爱不是为了接受对方的所
有要求（在后现代时代，我们对此不再确定！）除了感到被束缚之外，
孩子会觉得自己被突然来临的冲动所保护，但他/她还不知道如何
控制这些冲动。

　　此外，处罚的行使也要适度。处罚对事不对人，我们要保持对
当事人的信任。如果我们不相信孩子会变好、会成长，处罚就是没
有用的。

如何应对？

专制会引发反抗和屈服。在这两种情况下，坏的权威会被识别，因而要能从中脱身，而"反抗"其实是"承认"的一种方式。通常情况下，在青春期，人们会发现父母之外的其他自我认同范例。可以说，他们得以让孩子从别处自我构建。要想获得成功，就需要放弃父母：不要从他们那里期待他们不能给予的东西。无论在几岁时都可以这么做，永远都不晚。

10

自恋的父母

通过子女实现自我－具有男权气质的母亲及其儿子－教
练型父母－自恋型母亲－以自己为中心的父母－如何
应对？

这似乎是爱，它被如此宣扬："我的孩子就是我的生命！"而
这却让孩子感到一丝苦涩……这说明孩子忘恩负义？于是孩子很快
会自责没有像家长期望的那样：亲切、感恩……

这似乎是爱，但事实上并不是。如何做出区别？家长如何能够
知道自己是否真的爱孩子？问问自己这个问题吧（要诚实回答）：
"我所做的是为了满足自己还是为了孩子？"我们要知道的是，爱
是承认另一个人与自己不同①。这也就暗指家长不要将孩子与自己
融合，也不要将自己的情感和欲望投射在孩子身上……这项任务真
艰巨！

---

① 根据 Patrick Avrane（巴特瑞克·阿瓦哈那）在《爱的忧伤》（Les
Chagrins d'amour）中给出的定义，Seuil, 2012.

通过子女实现自我

孩子一出生就成了小王子，小公主！他/她太漂亮了，必定前途无量……这就是为什么人们像对待皇帝一样对待孩子：孩子就是皇帝。弗洛伊德说：

> 小孩将会实现父母未曾实现的那些愿望：男孩将代替他的父亲，成为伟大的人，成为英雄；而女孩则将嫁给王子，作为对母亲迟来的补偿。自恋系统最棘手之处，便是自我永生，永生面对现实是如此艰困，于是便在小孩那里找到了安全之所。父母的爱，是如此的感人，但追根究底，却又如此的幼稚，它不过是父母自恋的再生。即便它化身为对客体的爱，但却终究无法隐藏其原始的特性[1]。

孩子就像是父母自我想象的存在，像是父母期望实现的存在。这也是人们常常给予孩子的任务：他们会是自己父母未能实现的一切。如果孩子成功了，父母狂妄自大的梦也就实现了（其中也不失隐秘的苦涩：他们的孩子"比他们强"）。

于是，父母其实处于自恋逻辑中：透过孩子，他们看到的是自己，是他们梦想成为的那个自己。他们因而无法感知孩子的本身，无法感知真实的孩子。他们的牺牲、他们不懈的关怀、他们的苛求，这些可能会让别人觉得他们爱自己的孩子……但其实不过是陷在了

---

① 弗洛伊德，《论自恋：导论》（*Pour introduire le narcissisme*），《性生活》（*in La Vie sexuelle*），PUF, 1969, p. 96.

家庭的常见残酷之中：孩子的任务是成为家长的工具，靠自己的成就为家长增光。就像士兵为了国家那样，孩子也一样会在"光荣战场"上倒下！这并不少见。这种家族式的民族主义可以被我们称作是"宗族主义"，在今天依然活跃，甚至被认为是正常的。

如果孩子来自于大家族，他／她就知道自己不该失败，因为这会让父母蒙羞。如果来自于小家庭，孩子就要为了父母、替代父母获得成功。每一次，孩子都被赋予一项任务，而他／她没有理由知道自己究竟想要什么。他／她要实现别人对他／她的期待。如果父母有巨大的自恋创伤，如果他们的狂妄自大漫无边际，孩子就永远也无法满足他们，无论做什么都不够……他／她会成为那类取得了许多成就却仍把自己视作失败者的人。

对于孩子来说，逃出这个陷阱很困难：表面上看来，他／她总是那个小皇帝。他／她被困在别人为其设定的诱人形象之中：若我们自年幼时起就被吹捧为世界上最美的奇迹，如何将这一信仰打破？虽然私下里我们都知道自己与此头衔并不相称……

具有男权气质的母亲及其儿子

有的女性会一直为自己的女性身份闷闷不乐……自从童年起，有些事情就不太对劲，使得小女孩想要成为男孩。如果她幸运地生了一个儿子，就会感觉自己终于完满了。儿子会是她的小男子汉，然后是大男子汉。所有她不能自己完成的事情，儿子都会为她完成！这就是儿子的使命。

同样，儿子会感觉自己被爱，甚至被过分恭维。而事实上，母亲所爱的是在儿子那里变圆满了的自己^①。

教练型父母

一些父母的思维中会孕育着一些典范，他们希望自己的孩子成为最优秀的人。就像在公司里一样，他们成了孩子的培训者，经营孩子；就像在体育竞技中，他们成为孩子的教练员，同样也关注"现代心理学的发现"。他们知道，孩子他们需要有条理、有秩序才会变优秀。

这些家长也同样处于自恋逻辑之中：孩子的成绩便是他们的成绩。这就是为什么他们极为严苛。这就是为什么他们不会对孩子放手，对孩子实行软暴力，还声称是为了孩子好……

当孩子超越了他们时，当他们在钢琴或体育上不再能帮上忙时，这些家长的悲剧也就来临了。为了满足父母的无意识，孩子还会患上挫败神经症。在这种情况下，孩子们的真正功绩其实在于让自己摆脱父母的控制！

如今，学校就是高压阵地之一。家长们辩解他们的苛求都是因为期盼看到孩子成功、克服人生中的困难……从幼儿园开始，孩子就要学习读写的基础知识，家长们要做出监督！这也是一样，他们又将自己未能实现的雄心壮志、将自己的憧憬投射到了孩子的身上。

---

① 详见让 - 克洛德·里奥代（Jean-Claude Liaudet），《有其子必有其母？》（*Tel homme, quelle mère*），L'Archipel, 2012.

竞争，生存斗争（the struggle for life）被开启了，要把亲爱的小孩武装起来，即便他们可能并不乐意。然而孩子也明白：如果自己不成功，就可能会让家长失望，就可能得不到爱。孩子在小学一年级就对学习失去了兴趣，这种现象什么时候才能结束？

所以，孩子便是父母成功成为"好父母"的一种手段……他们让孩子成了在企业和体育界盛行的竞争意识的牺牲者，很显然，如果我们爱自己的孩子，我们会避免这种高压氛围，我们会陪伴孩子，帮助孩子进步，而不是将他们置于一切取决于成绩的逻辑中。不要因为孩子的成功而爱他/她，请无条件地爱孩子本身。

迷你小姐——错误母性的受害者

迷你小姐选美大赛在法国盛行，尤其在北部地区。比赛选出年龄在四岁到十二岁之间的最美的迷你小姐。

"魔镜魔镜告诉我，谁是世界上最美的女人！——是你，妈妈……你的女儿可以证明。"小参赛选手如此回答。这便是白雪公主和后母的联合。我们不可能想象一个四岁、十岁的小女孩自发参加选美比赛。是她们的妈妈，以所谓的母爱之名，看到舞台上的自我投射，流下激动的泪水：她们的女儿被装扮成了公主，衣着性感，抛着媚眼，露出挑逗的笑容，走着猫步。母亲放声大笑时，女儿却在工作，她很愿意为了讨好妈妈而做出牺牲，愿意妈妈眼中的自己是漂亮的。

2013 年 9 月，上议院出面干涉这一恋己主义盛行的竞赛。

禁止举办十六岁以下儿童选美比赛。理由是参赛孩子的过度性感化——事实上只有女孩！议会忘记指出女孩们其实也是错误教育的受害者。

母亲们激动万分，而选美比赛的组织者们更是如此！他们让小女孩儿们聚集于此，因为她们才是舞台上的主角。女孩中的一位被称为"法兰西青少年大使"，她仔细地说明了比赛的目的："（我们）追逐的目标都是一样的，要想当上迷你小姐，就要成为最美的那个，成为村里、城里、省里甚至整个法国最漂亮的那个，为什么不呢？当然了，要想实现，就要做出很多努力与牺牲。"这与竞争中的自恋观念如出一辙，而如今，这种思想主导着各个领域：比别人更漂亮、更强、更聪明，在市场上建立个人垄断。

总结：如果父母期望自己的孩子成为第一名，这其实是出于自恋，而不是出于对孩子的爱。

自恋型母亲

这是对母亲的传统印象，自恋型母亲更为常见，当然自恋型父亲也一样存在。

首先，自恋型母亲付出了爱！她对此高声疾呼，以至于所有人都深信不疑。然而，她其实是在破坏孩子：孩子的成功都源于她的牺牲，没有她，孩子什么都做不成。她非常担心自己的孩子，因为她知道孩子的缺点、不足、劣性。她比孩子本人更了解孩子！她随时都能替孩子说出他/她喜欢什么、不喜欢什么。以至于孩子觉得自己就是母亲的延伸。这并不反常，因为母亲不给自己设定任何边界：她随时都把自己置于他人注意力的中央，这有点像吸血鬼效应①。

然而，我们却无法指责她！她警惕着不要自己上当，真是个举世无双的骗子！她不会暴露自己，而是喜欢游击战：她贬低，批评，诋毁；她会堆积所有的小细节，让孩子知道她对孩子并不重视。她的打击无法抵挡，通常是用抱怨的字眼展开："养你太不容易了！"

孩子是她的威胁，会损害她的全能性。她就是女皇！或者父亲就是皇帝，因为也有自恋型父亲。

如果手段成功了，被苛责对待的孩子一旦长大，他们就不记得任何创伤了。他们会悲伤地发现，比起自己的需求，父母的需求总享有优先权。通常情况下，他们在婴儿时期会被很好地照顾，但等到两岁左右，开始获得自主权时，事情就变麻烦了。

孩子明白了如果想获得父母的注意和钟爱，就要满足他们的需求。孩子因而学会了一种错误的慷慨：他人为先，我是次要的……孩子的自我意愿因而被抛弃了，最后会发展成不再知道自己想要什么，不知道这究竟重不重要？成年后，孩子就会看别人的脸色行事，而从来不是出自于自己的渴望，他/她已经将自己的欲望贬损了。他/她因而会常常优柔寡断，需要征得别人的同意再思考、行动。

而这些家长则停留在幼儿的恋己欲之中，而这种欲望没有尽头，他们什么都想要，从不满足。他们的恋己欲也因为得不到满足而脆弱。

① 在这里，吸血鬼效应指的是旁观者丧失了对主人公的关注，产生注意力偏差。——译者注

以自己为中心的父母

我们会从那类"成功"的家长中找出这类家长。受传统观念影响，他们忙于"自我实现"，忘记了剩下的世界，孩子也包括在内。他们通常会自命不凡，认为自己的职务非常重要，他们渴望无尽的成功，也觉得自己应当获得成功，因为天赋秉然，才导致常常不被他人理解。他们因而会利用他人达到自己的目的。他们不费吹灰之力地达到目的，绝不拖泥带水，这也是因为他们不会与他人建立同理心。

他们异常渴望被敬仰，自孩子幼年时起就训练他们这样做。有时，现实情况还会进一步肯定这种情感：是的，父／母在他的领域是个"人物"！对于孩子来说，这种钦佩就像是一个陷阱：他／她怎么敢要求自己被爱？他／她拥有的父母像神一般，这已经很不错了……因此，孩子自己也可能采纳一种自恋的姿态，但却是"寄人篱下的"，他／她是"……的儿子"，"……的女儿"，这不足以构建完整的主体。

如何应对？

对于孩子来说，接受自己不被爱或者不够被爱的事实会对他们造成巨大伤害，即使在他们成年后也是如此。所以就要把自己建构得足够强大，从而应对冲击。换句话说，寻找机会遇到其他人，那些认可我们、赞赏我们的人。有时，恋爱可以具备这一功能，构成（冲击来临时的）缓冲。在更艰难的情况下，我们的解药正是这种正面的自恋，这也是心理医生可以带给我们的。

11

"太爱"孩子的父母

对孩子的影响 – 放任自流的父母 – 如何应对?

过于爱自己的孩子,把他们变成"小公主""小皇帝"似乎成了时代的缩影。孩子就是家庭的中心,人人都要为他们服务。孩子就是父母当下和未来的幸福,是他们的掌上明珠!除了言语的表达之外,有时还有实际的行动:我们不仅谈论自己的幸福,还要成就自己的幸福。但却不总是如此……

首先,新父母会对自己说:不要效仿他们自己的父母,他们不会扮演严父慈母的角色!传统的教育结束了!甚至可以简单地说:教育结束了!因为教育只不过是约束和暴力。虐待也离它不远了,教条也一样会构成威胁:我们是谁,我们怎么能知道什么是对的,什么是错的?最好还是信任孩子:他们有自主能力,会自己长大,他们能找到属于自己的路。

因此孩子必须是自由的,而家长从未如此自由过。婴儿时,孩子就按照自己的作息吃奶、睡觉。当孩子开始走路,拥有自己的意志时,就别想阻止他/她了。父母也无法阻止他/她,给孩子设限制会让父母心痛，父母于是知道了孩子因此而叛逆，变得粗暴，如果我们在孩子的位置上，也会做出同样的事。

对孩子的影响

孩子会从中学到什么？那就是我们可以马上拥有一切。如果不能马上获得想要的东西，只要喊叫、暴怒，别人就会屈服。如果对方不服从，这便是深深地伤害，是不可接受的不公，我们可以用最激进的手段对付那个人。父母们让孩子知道他们就是为孩子服务的。父母教会了孩子控制的乐趣，他人不过是让孩子获得满足的手段。而这也会带来孤独感和不安全感，同样会诱发不合群、排外、在学校表现不好等问题。

成年后，这些孩子就不再渴望了，因为他们受不了缺乏：他们不会等待，所有需求都要被马上满足，他们是如此的迫切，以至于只要能获得宽慰，任何方法都是好的。如果有所缺失，他们就会很容易地变得好斗，成为支配者。也就是说，他们活在当下，活在匆忙之中，不会品味也无法认知时间的长度、期限。

说到底，他们就是个人主义者的典型。他人不是"另一个我"（alter ego），而是一种方式和手段，他人的角色就是为了满足自己。所以，他们缺乏对他人的理解，拒绝所有限制欲望的法令，拒绝任何法令的发布者：他们就是放任自流的捍卫者（为了我自己，对我有好处，不为别人），也是当今社会价值观的化身。

放任自流的父母

是什么导致家长对孩子听之任之？有一种假设：这类家长期盼孩子实现他们儿时未能实现的梦想。他们让孩子过他们本来想过的生活……这中间也有很多的想象成分：任何一个孩子都想获得自由，想要为所欲为，总是玩耍，反抗所有对他们说"不"的人……而这就是我们描述过的幼儿自恋机能。

也就是说，家长没有将自己与孩子做出区分。他们把自己本该成为的那个幸福孩子的形象投射给了孩子，期待着自己的孩子能实现这一形象。摔坏了盘子，那也没办法！家长还会被逗笑，想必人们在小时候都喜欢这么做！在孩子反叛时，家长会觉得重新找到了那个在青春期没有成功叛逆的自己。孩子意识到了父母潜在甚至是无意识的期待，并满足他们。父母想让孩子成为暴君？的确如此！

这些家长在服从于孩子时，在容忍远远超出父母宽容的各种挫败时，所体验到的幸福感或许会让我们吃惊。这或许又涉及了受虐癖的问题。他们将自己认同为自恋的孩子所梦想拥有的家长，也是他们渴望在梦想的童年中所拥有的家长：父母为自己服务！

所以，父母要时刻准备着（我们甚至可以说：他们准备着接受任何要求），为了被他们的孩子所喜爱。这也会导致角色的混淆。而足够好的家长会允许孩子不爱自己，自己却依旧无条件地爱着孩子。

此外，这种关系是否关乎于爱？孩子不被视作他／她自己，而是投射的对象。我们不给孩子体验童年的机会，因为一切都要由他们自己决定。孩子多多少少无意识地接受了投射，他们的行动与思考都要靠自己，而且可以允许自己做任何事。我们因而陷入了一种矛盾的逻辑之中，在这一逻辑中，孩子必须做到自由且叛逆。

如何应对？

我们可以替这个孩子期望她 / 他在家庭之外遇到一些人或一些情况，使得她 / 他的冲动被限制，她 / 他也可以理解这些限制是出于爱和保护。而孩子一旦成年，这种改变就很难实现了……

12

暴力的父母

暴力病－奇怪的接受－言语暴力－如何应对?

令人惊讶的是，父母对于孩子的暴力还依然被宽容，受益于沉默的法令。长期以来，在西方或是如今的其他大陆，人们认为"打是亲骂是爱"。严厉父亲的形象似乎深入人心。而这一形象就像是封建领主对待他们的拥护者……前提是拥护者要为他服务。

第一部禁止教师体罚的法律颁布于 1887 年。颁布于 1889 年的第二部法律则组织保护受虐待儿童。一个世纪之后，1989 年 7 月 10 日颁布的法律旨在预防虐待未成年人、保护儿童，在刑法上惩治虐待者。同时出台的还有联合国的《儿童权利公约》，强调了保护孩子身体及心理健康的必要性。

人们对于父母之爱的理解随着法律的发展而进步，摒弃了理念中支配控制、甚至是负面暴力的范畴，这些法律也逐渐缺少了用武之地!

没有"打得好的屁股"！

爱丽丝米勒(Alice Miller)就虐待问题写了十三本书。她认为，没有"打得好的屁股"[①]。

她说，"打屁股"是传授孩子暴力，还会摧毁孩子被无条件爱的信念。"打屁股"传授的是谎言和错误的推理，常见的理由便是："我打你是为了你好！""打屁股"还会刺激愤怒和报复，引发自我和他人的苛刻。爱丽丝·米勒还补充道，被打屁股时，孩子意识到暴力也是爱的一部分，自己不值得被尊重，他 / 她还要忍受痛苦，控制自己的情绪。

当然了，被打的孩子也会再次运用这些教训：嘲笑弱者（如：男孩嘲笑女孩），以攻击、羞辱弱者为乐。他们还会热衷于一切滋生暴力的事物，例如恐怖片或电子游戏。当然了，成年之后他们会继续这些行为。

我们要详细说明的是，爱丽丝·米勒所说的"打屁股"是一种教育方式。而在特殊情况下，被愤怒所控制的家长会求助于暴力，这也会造成不一样的效果。在这种情况下，父母常常会表达自己的悔恨（不为自己辩解），一旦恢复了平静，他们会说："我很抱歉打了你，但你确实让我太生气了。"

[①] www.alice-miller.com.

　　我们要说明的是，家长暴力不是唯一的虐待方式。"反常暴力"更常见且危害更大，它会让孩子解除武装。由于攻击常常不是直接的，而是被隐藏的，以至于孩子不知道自己被虐待了。

　　暴力和反常暴力的区别在于，暴力的家长在发作时不会以此为乐，他们常常会产生负罪感，即使他们对此不承认（甚至不对自己承认）。而反常暴力的家长则会从中找到乐趣。

暴力病

　　我们在这里要把"粗暴"和"暴力"相区别。"粗暴"是一种错误手段、不会带来好的结果：打孩子是为了让孩子明白，或者说是为了让孩子接受一个法令。这是一种错误的教育方式。

　　同"粗暴"不同的是，暴力的特点是让一切控制消失。家长完全受暴力掌控，我们可以说，他们同受害者（孩子）一样，也在忍受暴力。由此而言，暴力就像是传染病。怎么能理解这种暴力病？

　　首先要指出，这是一种我们所有人都会染上的"正常的病"。我们天生好斗、爱支配，不了解他人（我们已经在介绍肛欲期时提到过），但我们不会停留在此阶段，我们会多多少少地变得社会化。弗洛伊德在《文明与缺憾》（Malaise dans la civilisation）中写道：

　　人类不是温和的动物，温和的动物需要得到爱，当受到进攻时至多只能够自卫；相反，人类这一动物被认为在其本能的天赋中具有很强大的进攻性。……因此，他们的邻居不仅仅是他们的潜在助手或性对象，而且容易唤起他们在他身上满足其进攻性的欲望，即毫无补偿地剥削他的劳动力，未经他的允许便与他发生性关系，霸占他的财产，羞辱他，使他痛苦，折磨他并且杀死他。①

文明使我们走出这种原生状态，这种状态是我们两三岁时的无辜认知，依靠的是所有对我们有爱的事物。语言对于我们的变化起到了决定作用。也扮演了双重角色：它部分抑制了以后会被定性为负面的冲动，也让我们使这些冲动升华，或者说接受了被社会认可的行为和成就。例如：对他人原始的恨被部分抑制：我们不再想着杀死对方，这种想法被部分转化成了竞争意识，自主意志（不再依赖）。

中世纪的格言中说道："我们用牛轭拴住牛儿，用言语束缚人类。"社会关系由言语构建，语言是我们冲动的变身。我们于是变得更自由，不再只是我们本能的客体，我们可以同他者建立联结。

这就是暴力的父母未能实现的事，他们身上还有一些东西处于原始状态，没有被赋予人性。某种冲动还处于野蛮状态，一旦在无法用语言表达时，便会突然发作。

奇怪的接受

通常情况下，孩子会接受父母的暴力，至少会到青春期。其原

---

① 弗洛伊德（Sigmund Freud），《文明与缺憾》（*Malaise dans la civilisation*），PUF, 1971.

因则是结构性的：孩子在小时候需要父母的照料才能存活，没有他们孩子就没法长大。这就是为什么孩子会不顾一切地爱父母。因为孩子需要他们。如果孩子不再爱他们，从某种意义上来说就是被判了死刑。孩子会被轻视、被打、受伤，但他们仍旧爱着父母。

　　这就是为什么第三者介入阻止虐待是有必要的。要接受"为与我们不相关人负责"的观点：听到邻居家里发出的哭喊声……如果不介入，我们就会成为拳头和伤害的同谋，虽然这多少是非自愿的。有时候家里的某个孩子会发出信号：她/他受不了弟弟妹妹受罚，但暴行若是发生在自己身上却能够忍受。

被抑制的暴力

　　有些母亲过于完美，极度关心孩子的健康和安全，以至于她们表现出各种强迫症：这些母亲投身于自己固执坚持的强迫性仪式，否则就会感到焦虑不安。

　　这些强迫性仪式会阻碍有进攻性的暴力冲动，不可能被自觉接受。它们就像在发挥反作用，会阻碍行为的实现，让行为只停留在想法阶段。例如：我越是想咬人，就越会抑制这个想法，强行用亲吻将其代替。

　　母亲常常遇到的一个强迫观念就是害怕把自己的孩子扔到窗外去，或者是不小心让孩子掉落。如果母亲不让自己有这样的想法，或者说她将行为和想法混淆（认为想象等同于行动），为了不让不幸降临，她就会发展强迫性仪式。

　　在这种障碍中，我们能看到极度"超我"的影响：母亲必须是完美的。事实上，所有母亲在用爱接受孩子的同时也会产生排斥反应。如果这些排斥被接受并内化，暴力就被升华、缓解。一定量度的排斥则可以"分化"母子、帮助他们互相区别。

言语暴力

肢体暴力会留下痕迹，言语暴力则不会。但言语暴力同样具有破坏力。如果将肢体的暴力比作肉体的死亡，那么言语暴力就是恋己欲的消失，证明孩子没有任何价值，一无是处。先是从起外号开始，之后是对孩子行为想法的系统性批评，会用到轻蔑的语言，带有威胁性的强制命令……

孩子会觉得受伤、被贬低，还会将这种轻视内化。最常见的情况是，孩子不顾一切地想要让自己被爱，试图屈从于父母的意志却又无法实现。孩子会将自己封闭在这个错误的圈子中，也可能会攻击性地反抗，进入另一个错误的圈子，孩子的攻击性会助长父母的攻击性。因此，痛与恨构成的关系持续了下来，但它好歹比没有关系强……

如何应对？

我们说过，孩子需要爱自己的父母，即使父母是暴力的。但事实上，解决的办法在于松开系留在父母那里的绳索（一旦当我们有能力时）。暴力家长的孩子即使在成年后也做不到这一点。他们会满怀希望地回归家园，觉得能找到那个他们所喜爱、他们梦想拥有的理想父母。但却铩羽而归……直到下一次碰壁……

要想放弃被父母爱，要做的就是接受不再爱他们。这就打破了比母爱禁忌更根深蒂固的禁忌：我们知道，出于天性，母亲是爱自己的孩子的，除非母亲反常；而这就是刻板印象。同样的，孩子不能不爱自己的父母！对于孩子来说，在他们依赖父母时，爱父母是有必要的。但随着孩子的成长，这份爱的义务便也减小了。

与父母的分离可以是身体上的，但这还不够：人们会想象父母在自己的体内，他们的声音会介入行为与思想。所以，要实现的就是心理上的分离。一旦成功了，同父母见面就几乎不再痛苦。而在童年时，严重情况是要由法官判决孩子与家长的分离，孩子还没有能力自己实现。

要揭发虐待

"任何人如果得知孩子处于危险，都应该向相关机关汇报：可以向省委员会未成年人办事处报警，拨打119国家热线（匿名且免费），情况严重时还可以通知国家检察官。"以上就是法国社会事务与卫生部提出的报警部署。当然还可以向周围人发出警报：家人，老师，校医……

揭发是必须的，否则就会因为不举报未成年受虐而得到法律制裁。这对相关从业人员（教师，导员，护理人员……）也同样适用，不会被认为是泄露职业秘密。

13

反常的父母

爱到极点－怎样摆脱乱伦－反常的自恋父母－如何应
对？－总结

　　反常的父母受他们的愉悦（jouissance）所掌控。他们用愉悦制
定法令，或者说替代法令。

　　通常，反常的父母会为他们的控制职能找寻理由，成为喋喋
不休的人。他们试着在论据中为自己提出的法令进行辩护……只
愿意听爱听的。他们无时无刻不在证明自己的正确性，他们将自己
的法令推崇为绝对真理。他们因而会给人留下规则颁布者的印象，
这也在所难免。但如果仔细审视这些规则，就会发现它们其实是
错误的，只是为了满足家长的欢心。也就是说，他们提出的所有
禁止和义务都不是为了孩子的发展。此外，他们是利用威逼利诱
让孩子遵守。

反常

反常者（pervers）的词源来自于拉丁文中的动词 perverto，意思是倒逆，上下颠倒。反常者就是打乱秩序的人，尤其是打乱法令秩序。这就是为什么在罗伯特法语词典（Le Robert）中，反常者（pervers）也是腐败、堕落、邪恶、误入歧途的人。而这也需要迷惑（séduction，来自于拉丁文中的 seducere，意思是"脱离正确的道路"）才能实现。

与名词"perversion（反常）"相比，"pervers（反常的）"作为形容词使用的历史更为悠久（追溯到十二世纪）。而名词"perversion（反常）"直到十五世纪才出现，但多了"紊乱""失常""迷惘"以及之后引申出的"疯狂"的含义。

但在精神病学和之后的精神分析学之中，"perversion（反常）"失去了道德审判层面的含义，而是被用于描述一种心理结构、官能方式。在精神分析中，我们通常区别三类心理结构：神经官能症，精神病和反常。

反常者通常在幼年时经历了过度刺激，那时性欲以肛欲、暴虐形式表现（两三岁时）。孩子会被自己无法摆脱的刺激冲动所侵占。这种刺激就像是施加给孩子的施暴者。在经历了过激的挫败感（无法解除的冲动）后，为了摆脱这种失望感，孩子会用复仇的方式自我构建。在孩子看来，复仇就是结束滞留在体内的"迷感"的方式[①]。

比起对他人（包括自己的孩子）丧失信任，这种复仇的关系更适合反常者。他们支配他人，向他人施加自己的愉悦。他们的行为方式顺应了这一格言："我不犯人，人会犯我；我若犯人，人必犯我。"

爱到极点

我们说过，孩子总是无意识地将其与成年人的关系性欲化。他们对于自己的父母有爱的幻想。如果他们的想象在现实中被认可会怎样？如果母亲总是愿意施以爱抚，按照孩子的要求为他们擦洗，直到孩子长大（有时会到青春期），这样的话孩子是否还能独自为自己擦洗？母亲又是从什么时候开始让孩子相信自己是她的一切？

这就是完美的爱！爱到了极点！我们可以这样说。当然，小天使般的孩子们之后会感到痛苦。因为这个世界是如此无情，但他们至少拥有幸福的童年。父母会如此说……

大多数的乱伦便是这样进行的，以爱的模式。在某种氛围下，父母无意识地将温情的抚摸变成了性的抚摸。人们常常不对两者进行区别。虽然这不一定是性交，但口、手、皮肤同样可以赋予快感。父母的裸露也同样具有乱伦性质；让孩子看到父母的性行为或只是听到声响，这相当于让孩子卷入了三人的性关系中。

---

① 见杰拉尔·博奈（Gérard Bonnet），《反常，为了继续生存而报复》（*La Perversion. Se venger pour survivre*），PUF, 2008.

我们也提到过乱伦环境,在这种环境中没有任何表象的性行为,但言语或动作却混杂着性意味,而一旦有人指出,这人就会被认为是思想不纯。这或许不算什么,但精神分析学家的诊断让我们确认了随之而来的心理创伤是何等严重……这可能是父亲或母亲在孩子洗澡时破门而入;母亲在儿子面前卖弄风情;父子公开搏击。在乱伦的家庭中,成员们感觉是一个整体,以至于每个人不再拥有私人的身体和心理空间。成员之间的身体和心理界限是模糊的,没有私密可言。

在这种情感性乱伦和乱伦环境中,暴力乱伦很少见。但同所有乱伦一样,这里不仅仅涉及传统观念中父女之间的乱伦,还有母亲、兄弟姐妹、叔伯和祖父母间的问题。可能是同性或是异性的乱伦。越是暴力的乱伦就越会被用言语说明:孩子会给予否认。而在情感乱伦中,孩子处于困顿中。情感乱伦中的侵犯是心理上的:父母滥用权威及依附关系,让孩子为自己的愉悦服务;有时还会利用爱孩子的错觉!

乱伦侵犯的频繁性

当然了,我们没有官方数据,大部分的乱伦是被隐藏的。我们只能看到一些迹象。

每年,法院会审判三百多桩乱伦案。根据宪兵队的估算,这其实只占了应当被申报的乱伦案数量的四分之一。

> 　　依据对多个儿童保护机构的研究,《被侵犯的童年》[①]的作者指出每年有至少五千例乱伦案件。其他资料证明五分之一的女性在童年时被家庭成员性侵。

怎样摆脱乱伦?

　　孩子常常难以战胜自我感觉的矛盾性:他 / 她感受到快感但又不太喜欢;他 / 她爱自己的父母,却又怕他们。他 / 她把错误归咎在自己身上,感到厌恶,认为自己是个垃圾。年龄小的孩子更无法解决这些冲突,他们完全不知道自己做的事情是被禁止的。而且父母也不会告诉他们! 更甚者是,我们会发现配偶间和家庭中无意识的默契。一旦秘密泄露就会被制止:这对于遭受丑闻的人来说是不幸的!

　　所以由第三者陈述被允许和被禁止的事就变得有必要了。这可以是一位家庭成员,或者是学校里的人员,也可以从孩子之间的互相交谈得出。但感到难为情的孩子通常会受家庭或侵犯者的鼓动拒绝作证。

　　弗朗索瓦兹·多尔多对乱伦所持的态度一直以来都备受抨击。多尔多认为女孩如果和自己的父亲发生了关系,她不会觉得自己被侵犯了,而只是会觉得父亲爱自己,从她那里得到了安慰。然而,

---

　　[①] Edmond Zucchelli, Danielle Bongibault, *L'Enfance violée*（《被侵犯的童年》）, Calmann-Lévy, 1990.

人们总认为事件中有无辜的受害者和侵犯者。弗朗索瓦兹·多尔多之所以拒绝了这一方案，那是因为她不顾一切地想要维护受侵犯者的主体身份。然而，仅靠成为无辜受害者这一事实就会让孩子获得客体身份，主体性不再存在，这只会促使仇恨和报复。多尔多还补充说：

> 如果孩子知道法律禁止成人和孩子之间过分的性亲昵，那么如果成年人向孩子提出要求，孩子接受了，就说明孩子是同谋，他们没什么好抱怨的[①]。

由此可以开展一项治疗工作，围绕重新构建孩子主体性的问题：你为什么任由对方这么做？孩子此时终于可以理解乱伦是被禁止的，从而走出困惑。如果不这样做，孩子的一生都会被破坏。孩子还要知道过分亲热也是被禁止的，但事实却常常相反……

如果法律没起到预防犯罪的效果，之后用法律介入就非常重要了。司法判决可以结束受侵犯者、侵犯者甚至是整个家庭的混沌状态。

反常的自恋父母

"反常自恋"已经变得越来越常见了。我们今天越来越容易发

---

① 弗朗索瓦兹·多尔多，安德烈·瑞佛（Françoise Dolto, Andrée Ruffo），《孩子，法官和精神分析学家》（L' Enfant, le Juge et la Psychanalyste），《对话集》（coll. Entretiens），Gallimard, 1999.

现反常自恋者，这可能是如今的自由主义文化使他们表现出这样的心理构造。要想成为被认可的领导者，无论是在企业还是地区，都不应该把诱惑与操纵相结合（当然是出于好的动机）玛丽－弗朗丝·伊里戈扬（Marie-France Hirigoyen[①]）提出的"精神骚扰"反映的就是这种病理学。

反常自恋指的是什么？当事人的自尊心受伤，而其自我防御的方式是将自己的痛苦和伤痛置于他者身上。由他人替代自己忍受痛苦！这种人成了功利主义哲学的信徒，但却不自知，他们将他者物化，将他人作为为自己服务的工具，完全无法将自己与他者同化。当我们的任务是"管理人力资源"时，这样确实很方便。这对于管理自己的孩子也一样。对于反常自恋者来说，最重要的就是支配他人。他们控制他人不是为了从中获得某种满足：他们为了获得控制的快感而控制。他们喜欢战胜他人、控制他人、轻视他人。

反常自恋的家长不会被人察觉。表面上看，他们并不暴力，甚至没什么特别。他们总是会运用一些小手段，不至于让人拒绝，甚至不让别人反感，但总是不停地想要奴役孩子的心理。

通常，这类家长经历过痛苦、经历过引发创伤的冲突，但他们故意逃避这些伤痛。他们无法对孩子有所期望，无法温情地对待孩子，害怕自己抑制的痛苦会再次发作。

---

① 玛丽－弗朗丝·伊里戈扬（Marie-France Hirigoyen）*Le Harcèlement moral. La violence perverse au quotidien*），《精神骚扰：日常反常暴力》, Syros, 1998.

如何应对？

对于孩子来说，最难实现的是不再宽恕自己的父母。通常，孩子会低估了父母的反常行为，认为这只是阶段性的正常行为，父母不对此负责，因为这是由外因引发的：贫穷，各种灾难……我们已经说过了，不再爱自己的父母是非常困难的一件事；或者细化到不再将他们理想化，不再认为他们是好人，不再认为他们已经尽力而为了。所以要接受不再亏欠他们爱与尊重的事实，放弃从他们那里获得爱与尊重的期待……如果孩子想寻求父母的倾听、理解，就不得不让自己承受痛苦，而这种痛苦正是父母在维持反常关系时施加给孩子的。

寻求报复、揭发罪行则可能将孩子（或者在他们成年后）封闭在错误的圈子里。这个圈子只会让角色颠倒，昨日的受害者成为今天的施虐者。

所以要直面事实，对行为做出评述，认识到父母是破坏者，即使他们并不自知。弄明白父母的虐待是如何影响我们，如何造就了我们的行为方式，这些行为又是如何在父母死后继续发挥作用。所以要把注意力转移到其他事情上；也就是说要摆脱这一人生阶段，或者至少将它扔到角落里。这项工程很沉重，但如果我们被关心、被爱，就能很好地实现；当然也可以寻求心理医生的帮助。

总结

专横、自恋、暴力、反常：可怜的父母们！人们恐怕又在想，就像对于患了自闭症的父母一样，精神分析学将所有的缺点都归于他们身上！精神分析学认为到处都是不好的东西！而我们中的大部分人都是正常、温柔、善良的……同时，在阅读这些章节的过程中，我们会从不同的描述中看到自己父母的影子；或者只有一点相似……

除非是极端的例子，否则现实就是如此的不完美，人们都想成为完美的父母！弗洛伊德对此做出这样的回应：同统治和治疗一样，教育是不可能完美完成的任务。无论如何，我们都做不好。但这不是为所欲为的理由，而是作为我们会犯错误的理由。我们可以再加上弗朗索瓦兹·多尔多的话，没什么比完美的家长更糟糕的了！他们是如此的理想化……将我们碾压。在他们身边，我们不能有个人行为，因为他们已经完美地完成了一切！

第四部分

缺爱的症状

14

我做得不够好，我还不够好

自恋不足 - 对理想自我太过苛求 - 满足于失败 - 依赖他
人的看法 - 感觉低人一等

感觉自己毫无价值，感觉自己不够好，这些想法会以成百上千种形式表现出来，通常会通过日常的细节表达。我们觉得自己很笨拙，衣着拘谨，一切都显得很困难。我们更倾向于让自己消失在人群中：当众讲话太难了。我们很难做出决定，我们更想在别人后面亦步亦趋，而不是首当其冲。我们可不愿意打扰别人！处理同他人之间的关系太复杂了，因为要隐藏自己的各种缺点和无能，害怕看到自己的无价值被证实，害怕被否定。没有什么比这更严重的了，而这却形成了一种生活作风，一种监狱般的存在方式……

自恋不足

如何解释上述这些无缘由的自我贬值的表现？我们可以说它们都与自恋不足有关，换句话说，贬低自我的人无法正视自己，无法积极地自我评价。这种不足源自于童年时起自我构建的不足或偏离。

　　我们在第一部分讲到自恋时已经提到过这个问题，下面我们要具体地谈一谈。

　　首先，在常用语言中，"自恋"被赋予贬义：自恋的人指的是过于关注自己的人。事实上，我们常常能够理解这种自我忧虑，就像是在感觉到自己没太多价值后寻求的保障。所以，自恋的行为其实是因为缺乏自恋。

　　我们有时也会认为自恋的人自以为是。他们让人觉得整个世界都要围着他们转。我们可以从这里看到未完全消失的原初自恋[①]。

　　在精神分析中，我们讲的自恋（继发自恋[②]）指的是爱自己的能力。没有这个能力，就很难拥有自信：在我们的感觉、思想、渴望、决定中都会体现。我们也很难爱别人：如果我们对自己没有信心，对爱的需求就会是补偿性的。我们会认为他者要给我们带来我们所不具有的价值，这就使得一段关系成为单向性的，我们（只会索取）无法给予。

爱自己也是为了爱他人

　　如果我不爱自己，我就会过于关注自己的缺点，甚至拒绝或质疑爱人在我身上看到的优点。我的爱可能是以自己为中心：

---

① 在第一部分的预备知识中讲解过。
② 在第一部分的预备知识中讲解过。

当我说"我爱你",其实是想让对方将其理解为"爱我"……于是,危险在于寻找亲密无间的关系,最后什么都不再缺乏,就像歌里①唱的那样,伴侣会感到"窒息"。还有可能将自己封闭在永远不能满足的、具有侵略性的爱的索取中:我要指责对方不爱我,不够爱我……

好在恋爱也是走出自我贬值的康庄大道。如果恋人体贴细致,就可以重建自我的良好形象。

如何构建这一必要且有益的自爱?首先,对于其原始根基我们就了解得很少,因为它要由母亲传给孩子的。如果原初阶段没有受到任何打扰,婴儿出生后对生活有坚定的渴望,而这就体现在我们所说的原生自恋中。孩子会汲取周围的客体,他们并没有将自己与客体相区别。如果母亲足够好,就会让孩子获得最早的满足体验。

但母亲并不总在那里,也幸好如此,为了弥补母亲的缺席,孩子学着像母亲爱他们一样地爱自己。我们可以说,孩子在汲取,将母亲这一"好的客体"放置在自己身上。孩子爱自己,像母亲爱他们一样,他们用母亲对待自己的方式对待自己。这一汲取"好的客体"的机制当然也不仅仅局限于母亲,很快就会发展到周围其他人那里。

但这仍然需要母亲以及周围的人足够爱这个孩子。否则,孩子无法自爱。我们因而会说孩子自恋不足,或者自我不足。而抑郁型、专制型和反常型父母就会制造这种情况。

---

① "你是我的牧羊人,哦,是我的主人/你引领着我,我就什么都不缺了。"

对理想自我太过苛求

缺乏自信也可能来自于童年时过于严苛的要求的内化。父母将标准定得太高了，可能是出于社会因素（不能掉队，要成功），也可能出于自恋原因——这些因素也常常混合在一起。家长没必要明确表达自己的愿望，孩子能够感知到父母甚至没有在头脑里明确形成的想法。因而，孩子接受了成为父母的"工具"，他们对于自恋父母、专制父母的成功是有用的。

我们再次重申，这是因为孩子准备好付出一切为了让父母爱自己。他们因而将父母的期待变成对自己的期待，还常常会将期待扩大化。他们因此会被这部分的"超我"所束缚，我们也将此称为"理想自我①"，这是一种心理要求（一部分是无意识的），规定哪些事情该做，这也来自于对父母命令的汲取。因此，孩子，再到后来的成人，会对自己苛求，通常还会比家长对自己更为苛刻。

孩子于是进入了没有终点也没有出口的航程之中：无论做什么，都不够好。即使在别人眼里是成功者，成为所在领域的佼佼者也是徒劳，他们总是体验到失败感。他们把"做"和"存在"相混淆：他们想要因为他们所做的事而被爱。这也是因为他们最初缺乏的，是父母无条件的爱。他们从没有感觉到自己的"存在"被重视，只有在完成父母的要求时才被重视。任何失败都成了灾难，是存在的丧失。

---

① 在第一部分的预备知识中讲解过。

　　矛盾的是，这种自我贬值还可能是受表面上看起来"太有爱"的父母的影响；这些父母太想给孩子最好的东西了！我们将他们称为"自恋型父母[①]"。

满足于失败

　　一些人想要冒险取得成绩，还有一些人则会在障碍前停滞不前。我做不到，他们这么想。他们于是又听从了理想自我的声音：他们从来都不走运，什么都没有，几乎不重视自己……就像是他们会对内化的父母形象说：你们不爱我是对的，我不配。所以，可能会出现尝试被接受的极端情况，成为父母想要的样子，也就是说自己"什么也不是"……这里面当然也包含一些受虐癖的行为。在"审判的声音"和"自我防御的我"内部心理冲突中，主体将其理想自我和残酷相结合。换句话说，主体为了理想自我的愉悦而让自己受虐。

受害者无意识的幸福感

　　如今在法国，每隔两周就会有一个人自焚。

　　我们从中可以看到受害者对宗教圣典（《圣经》《古兰经》）崇拜的回归，从亚伯拉罕祭献出独子以撒，到基督被钉在十字架上，再到参加圣战的恐怖分子……受害者从某种程度上成了

---

① 见第十章的讲解。

曾经的英雄……我们无法找到或代表其他神话？

自焚似乎会发生在很多痛苦的事件、一系列失败和冲突之后。这些体验常常来自于工作场合，诱发了自卑感、屈辱感、罪恶感，直至精神病爆发，它们通常在半意识状态发生。

越是故意的挑战越会让主体将外部虐待者和内在的声音（超我的声音）所混淆。他们决定对自己做出别人对他们所做的事！这里没有想象的夸大。于是，他们重新成了自我的主体，但付出了巨大的代价……

如果受害人无法承受现实情况，那是因为他们又回到了曾经经历过的情形，阻止了他们建构坚实的自恋。现在的情景让他们回忆起了自己因为无法满足"不可能被满足的家长"的期待而感受到的痛苦与罪恶感。

给自己宣判也会引发潜意识里的愉悦。在受虐爆发时，受害者会惩罚自己，就像他们想象中的父母期望做的那样。同样的，受害人还会以更反常的方式尝试着将虐待者与罪恶相联结。

对于失去热情的人，我们也有一样的说法，失去热情也是公司企业经历的世纪病：为什么这些人会赞同施虐者的指令？面对医生提出的"失去热情"的诊断，反应通常是这样的："那我可完了，老板会怎么想啊？我真是没用，一定会被排挤或是被解雇的。"如果这一反应是因为害怕丢掉工作，或者可能是因为看到自己抱负的破灭，我们可以理解，但令人惊讶的是我们会看到受害者屈从于虐待者的操控。

依赖他人的看法

在两种情况下（自恋不足和过于苛刻的理想自我），主体不具备强大的自我，无法让他们依靠自己感受、渴望、做决定。没有获得心理上的自治，他们就会像幼年时那样依赖他人的看法，会试着表现出自己最好的一面，为了让别人喜欢自己……不过这要改变一下自己的外表，开始一场吸引的游戏，他们表现的并不是真实的自己，而是他们所认为的别人想要看到的形象……直到有一天，他们不再知道自己究竟是谁，将幻想与事实相混淆。而这并不能让软弱的自我变强大！

自恋难题

在青少年时，没有几个人没玩过"谁输就算赢"的游戏——或者说是"谁赢就算输"的游戏……

既然我知道自己没什么价值，我就该表现出一种能被他人接受的形象，即使这不是我真实的形象。于是就有了这样的游戏，我表现自己不真实的一面。

如果别人被我表现出的形象迷惑了，我就感到安心、满足……却又失望！他把抹布看成是毛巾，我忍不住暗暗鄙视他。

我甚至恨他，对于没看清楚我真实面目的人，我要求获得重视！

在对方眼中，我还可以相信我就是他看到的那样。我为自己构建了一个人们所说的"虚假自我"，一个虚假的身份。这有点谎语癖①的倾向，但我最后完全相信了这个虚假的我！

如果他人也做出同样的把戏，这个游戏就完整了。别人需要通过我来相信他们的并不真实的形象——但这一形象比真实情况要好得多！于是，我们一飞升天……什么都无须依靠！

但这会带来一种难解的空虚感，也会成为抑郁的起源。无论是什么事件，别人的否定（而我的虚假身份正是要完全依靠于他人）都会让我快速跌入我所预感的自恋空虚中。而这种落差会表现得非常严重。

感觉低人一等

不被好好爱的孩子也会在"情结"的发展上"优于"其他人。"情结"一词几乎不算是精神分析学词汇，除非是用在"俄狄浦斯情结"中，它很好地表达了想要表达的。通常而言，"有情结的人"会关注于一个缺点，而这个缺点会成为一切的缘由。这可能是某个身体特征，也可能是有时会被家人指出的性格特点。于是，我们意识到自己太胖了，鼻子不好看，不够有勇气，反应慢……事实上，这种症状只

---

① 怪僻型人格障碍之一，不以诈骗为目的，而仅仅用撒谎来获得满足的心理行为。——译者注

是自我贬低的冰山一角。为了让这种整体性的不适感不至于无法承受，我们不会让自己受其折磨，而是赋予其"好的"理由、特定的动机。于是，这种不适感变得更容易被描述，也不那么吓人了。这同样是克服恐惧症的机制，我们将自己的焦虑固定在明确的客体上。

所以，为了摆脱这种状态，要能够理解"情结"的含义，起源，最后要能够明白，如果我们没有满足父母的愉悦，这通常不是因为我们的原因，而是因为父母对孩子的渴望，父母之间夫妻的关系……

感觉低人一等的表现之一在于"我只不过是个女人"。从前，无论是母亲还是父亲都更喜欢儿子。尽管这种文化现象已经越来越少见了，人们还是常常认定女孩"没有"男孩有能力，因为男性就意味着"更多"。女性没有别的办法，只有通过斗争来获得，这在今天是可能实现的，但却常常会把女性禁锢在男性价值判断中：她们可以变得"和男人一样好"……而这完全相当于是一种男权认可。

15

我感到羞愧，我有罪恶感

羞愧的传统－罪恶感－不被爱的原因－制造失败综合征－
犯罪

从感觉低人一等到感觉被排斥，这两者之间仅有一步之遥。不
被爱的人会感觉自己承受着被排斥的处罚：他 / 她并不真正属于这
个家，他 / 她是个异类。糟糕的是，羞耻感也会增加：我这么不一样，
我给家里抹黑了！这也是被排斥的另一个原因。

羞耻的心理机制如此运行，同罪恶感有所不同。罪恶感来自于
内部的声音，而羞耻则来自于外部。

羞愧的传统

我们把羞愧的文明同罪恶感的文明相对立。罪恶感是法规的内
在化，而这似乎是宗教典籍（《圣经》《古兰经》）。

古希腊时期，人们体验到各种羞愧。俄狄浦斯的故事也因此被
讲述。而对于我们这些现代人，精神分析学家则能从中分析出主体

无意识的罪恶感。

　　如果说俄狄浦斯弑父娶母没有罪，那是因为这并不是他想要的结果，俄狄浦斯之前并不知道拉伊俄斯是自己的父亲，也不知道约卡斯塔是自己的母亲。他是神灵随意捉弄的棋子，用俄狄浦斯来惩罚他那个强奸并杀害了美少年克律西波斯的父亲。俄狄浦斯的出发点和意图都没有被考虑在内，被关注的只有他的行为。他羞愧至极！俄狄浦斯触犯了社会禁忌，所以就不再属于人类群体。

　　俄狄浦斯于是在羞愧之中，让自己承担了被族群排斥的命运。提瑞西阿斯将其驱逐出忒拜城，俄狄浦斯成了乞丐；在流浪中死在了科洛纳岛。在原始社会，流放通常会引发抑郁性死亡。

　　人类学家露丝·本尼迪克特（Ruth Benedict）在其关于日本传统文化的描述中关注的就是羞愧感。她说，"让日本人感到放心的生活方式是万事已提前规划好。对日本人来说，最大的威胁莫过于不可预知的意外。[1]""所以在日本，所谓'义'就是确认自己在各人相互有恩的巨大网络中所处的地位，既包括对祖先，也包括对同时代的人。日本人认为，所谓强者，恰恰在于抛弃个人幸福而履行义务。他们认为，性格的坚强不是表现为反抗，而是表现为和谐。[2]"不服从的人是耻辱的，就像是被驱逐、排斥的人一样。唯一的解决办法就是把耻辱归于自己：这也是唯一的弥补方式，展示出我们为自己犯的错而自我惩罚。有时甚至会切腹自杀。

　　我们从中能够看到传统的家庭环境，荣誉是本质利益，是绝对

---

① 露丝.本尼迪克特（Ruth Benedict），《菊与刀》，Picquier, 1987。
② 同上。

命令。专制父母知道如何让自己的孩子感到羞愧。即使这一家庭模式不符合自由主义文化的环境，但却仍然得以持续。

罪恶感

事实上，罪恶感与羞愧感的机制类似：我们因行为而被审判。而心理罪恶感则"走得更远"，甚至可以说它不会离开我们：在超我看来，我们不仅要对自己的行为负责，也要为自己的欲望负责，即使它们没有被实现，或者只是被幻想。对于我们有意识或无意识的渴望，超我总会有预知的天赋，没什么能逃开它的掌控！也就是说，罪恶感是有意识也是无意识的。我们只会体验到它们的作用，感觉到焦虑，还会做出一些弥补的行为，但并不知道出于何种意义。

不被爱的原因

在童年时，我们为自己的罪恶感和羞耻感负责。如果不被爱，那是因为我们做了一些坏事……儿童在想象中如此推理。孩子也从中获得好处，那就是保护了父母的良好形象，而这也是孩子的成长和生活所需要的。即便这个形象是虚假的也无所谓！依赖的需求也在于此：要有一个良好的外部形象支撑自己。这是童年必须的，甚至常常持续到成年后，但成年之后还这样就没有理由解释了。

同时，这种心理防御机制在做出保护时也会做出攻击：它会引发罪恶感，将错误归咎在自己身上，而不会在我们所需要的人身上辨别出这些错误。所以，父母如果觉得我们不够（聪明、顺从）……或是过于（好争斗……），要做的是弥补我们的违逆行为：我们完全没有按照他们说的做！我们成了他们的负担，我们要花时间道歉，证明自己，做出奉献。家里出的太多事情都是我们的错。怎么才能让他们摆脱我们？或者：我们不配得到他们的爱，他们觉得我们那么的聪明，那么的漂亮，我们恐怕会不停地使他们失望，我们因达不到他们的预期而感到罪孽深重！

孩子要为自己的错误找一个理由，他们会在混沌的欲望中思索自己是不是被爱，这肯定是他们能感觉到的。但父母屡次把错误归于孩子，这已足以解释爱的缺乏，父母因而会显得苛刻，还可能成为孩子神经官能症的诱因。

我们最早的罪恶感来源是原始的，其根源存在于对母亲的双重矛盾情感，从出生后的第六个月开始，母亲似乎同自己分离了、变得有差别了。母亲的好在于能够满足孩子的快乐，而她的坏则在于会让孩子失望。坏妈妈被孩子攻击……被孩子在想象中毁灭、吞食，最早的罪恶感便来源于此。

再往后，天性使孩子需要表达、表现、行动、活跃，但这在我们眼里（或者说在父母眼里）是一种不合时宜的好斗。我们觉得孩子暴力而自私，而孩子自己也这么认为。所以孩子就会努力让自己不这样：变得不爱表现且顺从。

孩子的性兴奋也是很多不幸的来源。如果母亲或者父亲不爱他/她，那是因为他/她对父母怀有混乱的情感。在母亲哺乳时，我们就能看到一个个小坏蛋。到了俄狄浦斯期，他们更是变成了怪兽！

他们必须为这些卑鄙的行径付出沉重的代价！

因而，任何正常的欲望，即使是无意识的渴望，都会成为罪恶感的来源，继而会引发焦虑、压抑，还有为了弥补想象中的错误所引发的神经官能症。

从罪恶感到神经官能症

从普通的罪恶感变成了强迫性的神经官能症，会有哪些征兆？

* 思维被不停地回想所占据时：可能是词语或数字的不断重现，也可能会受到一些想法的不断操控（是与非的问题，宗教问题……）。

* 我们害怕某些不存在，或我们看不到的（例如"细菌"）的东西。

* 我们需要预料一切，掌控一切：时间安排、路线、食物、睡眠时间……

* 无法控制自己，去做一些目的是净化自己想法和行为的事，例如：重复地清洗，念一些"咒语"化解危机。

* 神经质的行为时时刻刻调动着我们的注意力，让我们筋疲力尽……

这些都是超我和自我不断的斗争的迹象，也是典型的强迫性神经官能症。任何欲望都要被完完全全地打压，可以说只要生命尚存，冲动就不会止息！对抗因而是持久性的。"自我"所表现出的罪恶感，想要弥补或阻止可能发生的"恶"的症候，这些都是为了避免令人恐惧的"超我"做出审判。

制造失败综合征

在这样一个受虐癖的背景下，制造失败综合征就不会让人惊讶了。按照传统观念，我们认为制造失败综合征是超我抑制潜在欲望的结果。比自己的母亲或父亲更成功，这种想法会唤醒童年时期的俄狄浦斯对抗：成功在潜意识中意味着消灭父母，而制造了失败，我们就能避免这一情况。

对于缺爱的人，我们会在他们身上观察到"皮格马利翁效应"①。他们不相信自己，认为获得成功根本不可能。没有给予他们爱的那些人赋予他们某种形象，他们则想尽办法让自己满足这一形象，而这一形象通常是缺乏优点的（虽然并没有表现出大的缺点！）人们对他们没有任何期待，成功与他们毫无关系。预知了这一判决，他们便不再发挥努力，让预言成真。这其中也有对父母神经质的依恋：缺爱的人更希望维持父母眼中那个被贬低的自己，成为他们所期盼的样子，因为没有了父母的注视，自己就会没有存在感。换句话说，即便存在的体验不好也比不存在要强！

在心理上拒绝成功也可以被看作是制造失败综合征。当事人声称成功和自己没什么关系，只是偶然或运气使然。如果获得了令人羡慕的地位，成绩被认可，这些人反而会觉得自己其实是个无能的骗子。这种不为自己的成绩而骄傲自恋的方式可以避免让自己产生

①皮格马利翁效应（Pygmalion Effect），另译为"毕马龙效应""比马龙效应""罗森塔尔效应"或"期待效应"，通常是指人（孩童或学生）在被赋予更高期望以后，他们会表现得更好的现象。

罪恶感，也是维持"自爱缺乏"的方法。

犯罪

　　犯罪也被理解为罪恶感的表现，这确实有些难以理解。犯罪的原因是童年时缺爱，缺乏规则、法令。缺爱引发的没有存在感，以及随后产生的羞愧、罪恶感都会引发恐惧症的典型反应：将漂浮不定的痛苦固定在一个我们所害怕的客体上，这就使得我们感到安心，能够做出抵抗。同样地，最糟糕的就是没有具体缘由，漂浮不定的罪恶感。弗洛伊德如此描述：

　　人们可能发现，在犯罪以前，主体怀有非常强大的罪恶感（有意识或者是无意识的），罪恶感不是犯罪的结果，而是它的动机。能够把这种无意识的罪恶感施加在一些真正的、直接的事情上，对于主体来说仿佛是一种宽慰①。

---

　　① 弗洛伊德，《自我与本我》，《精神分析纲要》，payot，1963.

16

我抑郁

抑郁和抑郁处境 - 抑郁还是忧郁？- 如何应对？

抑郁会同自我贬值和罪恶感形影相随……而"抑郁"这个流行词也需要仔细解释一下。我们知道，在二十一世纪，一切都让人抑郁：地质上，土地凹陷；还有气候问题；股市就更别提了！

在精神病学中，我们对于抑郁的定义常常争论不休。我们还会引用从前模糊的概念，例如"生命冲动"（élan vital）或者是"心理压力"（tension psychologique），我们因此更接近于诗意的直觉而非严谨的科学！如今，我们想把抑郁变成一种藏在大脑中的疾病，受情绪和化学药物控制。培养药匣子确实方便！我们经历的一切当然都会经过大脑……如果把这里的大脑换成双脚也一样说得通。换句话说：既然与人类相关的一切都要通过大脑表达，那么仅靠大脑就不足以定义人类。

人们因而会满足于：既然我们很难将抑郁定义为疾病，那么它就意味着一系列的症状，一种我们能观察和体验到的不适。

抑郁和抑郁处境

我们已经提到过对抑郁极为感兴趣的唐纳德·W. 温尼科特（Donald W. Winnicott），他曾经写过这样一段描述，我们可以将之称为"婴儿正常抑郁"：

吃奶时，孩子会吸收一些他们感觉好或者坏的东西，这也与处于平静期还是刺激期有关。吃奶时即使感觉到满足，也会混杂有某种失望所引发的气愤。吃饱喝足的孩子会害怕母亲身体上那个想象出的空洞。孩子也会在让他感觉好（支持他的）和感觉不好（压迫他的）的东西之间挣扎。这就会引发孩子内在的一种复杂状态。[①]

所以，对于婴儿来说，母亲是能够给他们带来好处的客体，但也会攻击他们，这是口欲阶段吞噬想象的逻辑结果（这一逻辑更接近于幻想电影，而不是理智的推理）。当母亲获得了持久性，但她的好与坏还没有互相关联时，好和坏就会相互冲击。婴儿为摧毁、吞食了自己需要和爱的对象而感到绝望。如果无法摆脱这种状态，婴儿就可能会陷入病理性的抑郁。

好在拥有足够爱的母亲会让孩子安心，让他们感受到母亲并没

---

① 唐纳德·W·温尼科特（Donald W. Winnicott），《攻击性，犯罪感和弥补》（Agressivité, culpabilité et réparation），《平常交谈》（Conversations ordinaires），1988；《从儿科到精神分析》（De la pédiatrie à la psychanalyse），Payot, 1969.

有被孩子的攻击所摧毁，她们既接受爱的刺激期，也接受爱的平静期。若要做到这点，母亲不能过于抑郁（在孩子想要摧毁她时），也不能有太多攻击性（在对好的关系缺乏希望，战争升级时！）而孩子则会形成温尼科特所说的"抑郁处境"，包括对一个客体爱恨交加的可能。于是，孩子感觉自己能够修复自己所摧毁的，还能够对自己的攻击感到适度的罪恶感，因为"攻击并没有那么严重"。

而这就是所有人都经历过的"好的抑郁"。如果爱的对象是绝对的，能够接纳并付出纯粹的爱情，那么抑郁就不再存在（这其实更像是情欲之爱）；好的抑郁可以让主体与爱的真实对象之间获得非毁灭性的关系。

坏的抑郁则是因为其不可捉摸，爱与恨的情感被一分为二，任何抑郁都拥有恨的根基，但常常被隐藏。

概括来讲，我们可以说因为不被爱（不足够被爱，或者没有被好好爱），抑郁让人绝望，让人想要毁掉他 / 她本该爱的对象。

抑郁还是忧郁？

弗洛伊德的观点会让我们提出这个问题：缺爱的主体是抑郁还是忧郁？弗洛伊德将之同抑郁且忧郁的哀悼（严重的精神病）相比，做出了这一说明：

除了哀悼之中没有的东西，忧郁症患者还展示了某种别的东西——自我评价异乎寻常的低，自我大幅度地变得贫乏。在哀悼之中，是世界变得贫困和空虚；在忧郁症中，变得贫乏和空虚的则是自我本身。①

　　缺爱的主体并不会满足于对一切失去兴趣，他还会觉得自己毫无价值，就像别人认为的那样。如果他无法完成某件事，那就是它的原因，是他的错。他觉得自己被排斥是正常的，这就是为什么他会轻易地服从，但却也会提出抱怨。他甚至会抱怨那些爱他的人犯了这么大的错误！

　　他因此处于和忧郁相同的状态，虽然还没有出现病态。而这又是怎样的状态？

　　如果有人耐心倾听忧郁症患者滔滔不绝、各式各样的自我谴责，他将不可避免地获得这样一种印象：这些自我谴责中最为猛烈的那些部分根本不能应用到他自己身上，但只要略加修正，这些谴责倒是很符合其他某个人，这人就是他所爱之人、曾爱之人或者应爱之人。每当人们检验这些事实，这一猜想都会得到确证。由此我们发现了这幅临床图画的关键：我们发觉这些自我谴责都是指向一个恋爱对象的谴责，这个恋爱对象从它转移到了患者自己的自我中。②

　　让我们重建这一过程，父母让孩子失望，或者是从出生时起，或者是在童年经历了某件事之后。孩子没有按照正常路线将攻击投射向父母，而是将攻击留给了自己。我们已经遇到过这种心理防御

---

　　① 弗洛伊德（Sigmund Freud），《哀悼与忧郁》（*Deuil et mélancolie*），《超心理学》（*Métapsychologie*），Gallimard, 1968.
　　② 同上。

机制：孩子用这种方式保护自己的父母，从而为他们保留自己所需要的"好父母"形象。父母保持着他们的好，而他们的坏就成了孩子的问题……因此，外部矛盾变成了引发抑郁的内部矛盾。可以说，挖掘每天都在以自我攻击和自我批判的形式继续。超我摧毁了自我。弗洛伊德对此做出了如下描述：

重建这一程序并不困难。选择一个对象，将自己的力比多附着到一个特定的人身上，这种事曾经存在过；后来，由于来自于这个所爱之人的真实轻视或失望，二者之间的关系便被打碎了。其结果不是力比多正常地从这一对象撤回并以一个新对象取而代之，而是某种别的东西，但这种别的东西要发生还需要各种条件。事实证明，对象倾注（object-cathexis）没有什么抵抗能力，而且要持续到底。但自由的力比多并未流向另一个对象，它回撤进了自我。但是，它不以任何未加规定的方式被利用，而是用于以那个被放弃的对象来建构自我的认同（identification）。因此，对象的影子倒伏在了自我身上，自我从此将受到一个特殊代理的评判，似乎它就是一个对象，那个被放弃的对象。以这种方式，对象丧失（object-loss）变成了自我丧失（ego-loss），而自我与所爱之人的冲突变成了横亘在自我的批判性活动和由于认同作用而改变的自我之间的裂缝。[①]。

我们观察到弗洛伊德在此增加了一个关键——认同，我们可以

---

① 同上。

将其比作为一种心理摄入。通常而言，在将自己同父母相认同时，孩子也会把父母的优点归为己有，并依靠它们成长：孩子想成为父亲或母亲那样的人。而抑郁的孩子（之后会变为成人）也会将自己与坏的家长相认同。我们可以说他们吸收了有毒物。

如何应对？

这一过程会突然出现在与抑郁、专制或者是抛弃子女父母的关系中。同其他症状一样，我们会发现问题在于孩子还想要维持好父母的形象——这对于婴儿来说是存活的必需品，对于幼儿来说则是成长的必需品。我们还会发现，在此期间，开放的家庭比封闭的家庭更有益于孩子成长：孩子可以在亲戚，老师身上找到无法在父母身上找到的优点……

成人常常是大孩子：他们不再对父母有实际的依赖，他们拒绝让自己面对限制自己自由的批判。他们坚持维护自己对父母保持的好形象。

17

我感到自己被抛弃了

最初的抛弃 − 有毒的抛弃 − "医院病"婴儿 − 象征性的
缺失 − 害怕被抛弃主义 − 如何应对？

　　被抛弃感会以很多种方式表现：害怕孤独，害怕不被接受、不
被爱——嫉妒比自己受欢迎的人，对抛弃自己的人感到愤怒，融合
的渴望（当某人没有抛弃我们，我们会变得特别黏人，以至于对方
想要摆脱我们！）。总而言之，我们永远都是寻不到承认的受害者，
我们知道自己不可能被承认，因为我们那么没有价值。证据就是：
我们被抛弃了，我们什么都不是……

　　但这只是一种感觉，也就是说从来没有被证实过。我们并不需
要真实的事件才会感受到被抛弃。通常，我们会用抛弃感来解释事件，
就像是妒忌的人会从任何事情中找到导火索。因此，挥之不去的抛
弃感其实是自我解释在作祟，解释在不断重复原初创伤。反面证明：
因为亲爱的人去世或离开而失去他们还不够，这不足以自动获得自
然病理的抛弃感。一个拥有良好恋己欲、自我强大的人可以克服现
实中的抛弃，保持存在感。

最初的抛弃

我们所有人都经历过一系列的被抛弃，这是必要的，是它们让我们具有人性。我们听到的这种论调常常有些多愁善感：如果我们患有这样或那样的症状，是因为我们经历过某种创伤！这不正常，甚至不公平！按照这个观点，生活就该是岁月静好，人人都活在甜蜜柔和的梦乡中，一切都是最好的状态……不幸的是，出生本身就是一个创伤。我们可以从中总结出这样一个格言："如果您想要避免创伤，那唯一的办法就是——不再生活！"

进入成年阶段，或者更准确地说是弗朗索瓦兹·多尔多提出的"成人化"，这本身就是一系列抛弃所产生的结果。从出生到断奶，和母亲身体相连的情况消失不见了，之后父母成了具有威胁性的陌生人，他们开始与两岁的孩子相对抗，到了俄狄浦斯期，父母以拒绝和孩子结婚的方式"抛弃"了孩子……这一系列的抛弃让我们得以构建，每次都让我们进入新的世界：出生时进入空气世界，断奶后进入语言世界，父母的权威让我们进入社会规则的世界，俄狄浦斯禁止让我们进入恋爱世界。

任何抛弃的原型都来自于我们出生后的几个月，当我们开始脱离融合状态，区分自我和他者；当异于自我的客体开始构建，这也是我们已经说过的爱与恨的客体，但还没有获得持久性。妈妈不在，她就不会再存在了，她从来没有存在过。婴儿轮流经历母亲存在时的好时光以及诗人预言家所描写的世界末日。一切都崩塌了，孩子感觉无穷的愤怒与痛苦相交叠，感觉自己在消失。

孩子于是体验到一种无依无靠的状态，弗洛伊德将之称为
"Hilflosigkeit"，我们可以将之翻译为：感觉自己被抛弃的无助状
态。最常见的翻译强调的是孩子体验这种无力感时所感受到的慌乱
不安。孩子体验到某种需求引发的强烈不满强加在自己身上，可以
说没有任何方法能将这种缺失填满……直到孩子意识到自己悲伤的
哭喊会唤来一些人。于是孩子会呼喊某个人，将这个人内化，即使
他／她不在场也同样能感觉到他／她的存在……他／她的回应！孩子
于是试验着提出需求：为了满足自己的渴望，需要通过另一个自己
完全依赖的人。

父母对孩子爱的多寡决定孩子是否会增加抛弃感的经历，是否
将它们视作创伤，还是慢慢知道一切都会好起来：有人回应我们，
有人关注我们的需求。

有毒的抛弃

人们会告诉自己：很多人都经历过抛弃，有些还很严重、很真实，
以至于让当事人长期性地悲伤，这并不是矫揉造作。我们可以列举
被抛弃的孩子的例子，如果能遇到了一个家庭用爱抚养他们长大，
孩子的状况就非常好。他们会埋葬自己所经历的分离。

如果这种"埋葬"没有得到完成，抛弃的痛苦就会继续存在，
抓住很小的机会卷土重来。这就是因为抛弃我们的爱的对象不足够
好，以至于我们没有将他／她内化。弗洛伊德写道：

如果我们内化了对象的影子，哀悼不会是不可能的；但如果对象从没有被内化过，哀悼便是不可能的，否则我们内化的就是一个"空洞"①。

所以，抛弃感还会延伸为没有存在感。

依恋方式

根据精神分析学家约翰·鲍比（John Bowlby②）的观点，孩子（大人也一样）会根据母亲和周围照顾者对自己的态度而发展出一种特殊的依恋方式。可以说，根据抛弃的程度，我们区分四种依恋方式。

如果母亲和照顾孩子的人有足够的爱，孩子觉得自己很安全，就会离开母亲去探索世界，这就是全依恋（Secure）。

回避型不安全依恋：周围人没有空或母亲因为焦虑无暇照顾孩子时，孩子自己寻找安全感，但并不总能实现。孩子会非常依恋于自己的玩偶，培养内在感觉，比如摇晃自己。在情况严重时，孩子甚至会自残，例如用头撞击物品以获得某种感觉。

反抗型不安全依恋：周围人做出了回应，但却是无关的。孩子无法忍受缺失，感觉自己被抛弃。母亲在场时，孩子就会

① 弗洛伊德（Sigmund Freud），《哀悼与忧郁》（*Deuil et mélancolie*），《超心理学》（*Métapsychologie, Gallimard*），1968.
② 约翰·鲍比（John Bowlby），《依恋与失落》（*Attachment and Loss*），PUF, 1978.

攻击性地粘着她，还会咬她打她。

在破裂型不安全依恋中，周围环境是混乱的，冲突是持续的，可能由人际关系引起（父母间的矛盾等等），也可能是因为现实情况（战争等因素）。孩子的行为会被扰乱，变得支离破碎。

"医院病"婴儿

1948 年，精神分析学家何内·史必兹（René Spitz）描述了一整套三个月以上婴儿出现的病症，他将其命名为"医院病（hospitalism）"他最初的实验在于比较两组婴儿，一组婴儿由母亲在监狱的负面环境中抚养，另一组婴儿则在孤儿院中获得的是集体化、非个人的照顾。这两组婴儿产生的区别巨大。

与母亲分别一个月后，一个三个月的婴儿在缺少照顾时会向身边的任何一个人哭叫。这个人似乎让孩子忘记了过去的"缺席"，关注到当时的"在场"。两个月后，婴儿对是否有人在场漠不关心，人们无法再同对方目光相遇。婴儿的生命进程减缓。

在儿时经历一段时间"医院病"的人似乎无法接受或付出情感。他们因而很容易犯罪，产生反社会的行为。

如果孩子和母亲的分离没有超过三个月，母亲回来后，孩子在一两个星期后就能够恢复：孩子重新进入和母亲的关系中，恢复健康。但如果分离超过了五个月，造成的损害就是不可逆的。

医生们批判何内·史必兹的结论。他们说这有可能是医院病，但也有可能是还没有被发现的脑部疾病。

曾经，人们几乎不关心要在恒温箱中待上一段时间的早产儿。这些孩子的唯一交谈者就是天花板、机器的声响，它们代替了母亲的心跳……刚一出生，他们就直接接受了分离，但孩子通常要从外界找寻到母亲的味道和声音。如今，大多数医院都注意到了要保证对婴儿的看护。

如果爱我们的是个屏幕

小孩会将自己同任何事物相认同，弗朗索瓦兹·多尔多讲述过一个孩子是如何将自己同他妈妈的缝纫机相认同——孩子会重复缝纫机的运动。还有些孩子像洗衣机那样转动（这些例子当然属于精神病范畴）。我们可以设想早产儿以这种方式开始自我构建，他们所面对的主要交谈者是几千个加热的灯泡……

那么被抛弃在电视机画面和声音前的孩子会怎么样？他们常常会入迷地看着电视机，完全被动。他们会吸收看到的情绪，却不能将其消化。他们在模拟的状态下重复自己看到的东西，将自己与荧屏画面相认同。

他们被剥夺了学习和发现真实世界所需的基本要素：积极性、同真实的他人建立关系，三维世界。

象征性的缺失

我们提到过，人们可能体验到巨大的抛弃感，但却没有真实的原因，人们同样可以经历痛苦的分离却并不会过度悲痛。

是什么使分离变成创伤？简·大卫·纳索（Juan David Nasio[①]）提出了一个有趣的答案，对所有类型的创伤都适用。他认为三个特征会使分离变成抛弃，而这三个特征就是分离的出乎意料性、暴力性、无法被接纳性。

事实上，一个经历使人受创伤，那是因为它所激发的情感和唤醒的冲动没有互相联系。也就是说它们都处于原始状态，没有意义，却又不可能被解除。我们可以形象地将这种状态比喻成某种漂浮的能量无法被消耗，就像是一道闪电，一条霹雳不知道在哪里爆发了……如果这个经历获得了意义，或者说是被谈论了，它便不再使人感到受创伤。在精神分析中，我们会说如果事件"被象征"了，就可以用语言讲述经历带来的痛苦。经历从而进入了无尽头的"含义链"之中，也可以与其他的意义、情感、幻想相联系，更能够将其与他人分享。我们可以说经历进入了循环状态，对于自己和他人都是如此。

如果没有被治疗，抛弃就具有创伤价值。它就像是一个空洞，我们会把现在的分离经历投入其中，我们可以说，如果不存在这一空洞的吸引，经历就不会是创伤性的。

---

① 简·大卫·纳索（Juan David Nasio），《诊断椅上的精神分析师》，Payot，2002.

害怕被抛弃主义

人们曾经想把"害怕被抛弃主义"作为一种神经官能症。但这似乎更像是能在种种病理学领域被证实的一系列痛苦。我们可以将之看作是一种因为害怕被忽视、被抛弃而感觉不安、焦虑的状态。失望都是被夸大的：一点缺失就会引发抑郁，有时还会触发身体上的症状，例如呕吐，心动过速；对他人的兴趣也会引发破坏性的妒忌。简·大卫·纳索（Juan David Nasio[①]）认为，"害怕被抛弃主义"是"一种状态，主体在此状态中屈从于无处不在的抛弃体验，这一体验持续存在并侵占其生活。"

反常的是，害怕被抛弃的人会攻击、拒绝他者，从而造成了自己被抛弃！我们可以说他们首先惩罚和自己建立关系的那个人……而这个人一定会将自己抛弃，事情向来如此。他们常常像患了"住院病"的婴儿一样，对关系感到恐惧：任何接触都只会唤醒并加速接触的消失，爱的对象是好的，但同时也是个威胁。害怕被抛弃的人因而会趁着对方还能忍受时，考验爱的对象。焦虑过度时，害怕被抛弃的人还可能会攻击对方。

还存在另一种"害怕被抛弃主义"，表面上看这似乎更能被周围的人所忍受。在这种情况下，主体只期待从他者那里获得爱和认可，主体需要有人修补某个原初痛苦。他们于是变得极为和善、顺从却又坚决。我们可以说他们什么都想要……但结果却总不令他们满意。

---

① 同上。

他们需要时刻被抚慰：是的啊，他 / 她爱你！如果被说服了，那么暂时就没什么问题了。但很快，疑惑、焦虑还会回来……

孤独，同抛弃相反

居伊德莫泊桑（Guy de Maupassant）在小说《孤独》（Solitude）中借主人公之口说出了这番话：

听我说，自从我感受到自己孤独的存在，我似乎在消失，每天都消失得更多一点，在昏暗的地道中，我找不到边界，看不到尽头，可能这根本就没有终点！我踽踽独行，无人相伴左右，现世无人与我走过同一条幽暗道路。而这条地道，就是人生[1]。

这里所描写的其实就是抛弃感和分离感，人们无法和他者建立联系，隔绝、埋藏在地道中，这一隐喻同样暗示了丢失了的母体或是坟墓，我们处于这种感受之中，虽然活着却像死了一样。而这也就是随后的独白所证实的：

你还知道有比这更可怕的事情吗？熙熙攘攘的人流与我们擦肩而过，但我们却无法进入他们！我们之间的爱情，就像是被锁链拴住的两个人，距离并不远，但伸出手却无法触及对方[2]。

---

[1] 居伊·德·莫泊桑（Guy de Maupassant），《孤独》（Solitude），选自《短篇小说集》。
[2] 同上。

无法进入他们……这里不是指性，而是暗示着回归子宫。原初阉割，或者说分娩和出生导致的分离没有发生作用。

每次吃奶结束后，每次母亲或照顾的成人离开后，婴儿都会经受这种分离。但婴儿必须适应这种情况，否则就会陷入焦虑和抑郁……父母的爱可以帮助孩子。

好在有些小孩可以平静甚至快乐地渡过孤独期。首先是在睡眠中，我们每个人都一样。我们所有人都需要返回自我，同外界分离，重新找回我们所需要的零度状态，这也是为了让我们重新恢复活力。醒着时，孩子会关注自己，吮吸拇指，找寻吃奶的感觉。之后，在游戏中，孩子会对自己讲话，就好像有人在他们身旁一样。孩子成功将有爱父母的形象内化了。

所以，在体验幸福的孤独时刻时，我们其实并不孤单，因为我们知道如何在内心中创造出丰富的景象。在这一景象中常常会有自然的描述。我们都去过一些迷人的地方，见过田野，树木，天空的美景，于是心变轻了，我们获得了平和……因为，大自然会安抚我们，让我们沉浸在母亲般温柔的幸福之中……

当抛弃感将我们隔离时，孤独感会蔓延。我们会认为一个人不能忍受孤独是因为他/她没有学会照顾自己。这很可惜，因为孤独是创造的绝佳场所：孤独有利于思索，有助于新想法和新愿望的产生……

如何应对?

对于这一问题的回答似乎显得重复……因为处理方法常常是相同的！这里要做的就是要抛弃掉被抛弃感。

有时，需要抛开被抛弃感。当我们觉得自己被这一情绪追随时，我们常常会向周围人谈及。这种"温和"的情感没有攻击性，可以讨好我们寻求帮助和爱的对象。我们依附于他们，给予他们一种力量……但有时候，这也是为了更好地削减他们的力量！因为他们的在场还不够，他们在那里起不到任何意义，我们依旧焦虑苦恼，即使他们做了一切，我们还是重复着说：我觉得自己真孤独……所以可以说，他们其实在为另一个人买单，那个抛弃了我们的人——而我们在潜意识中对其发动攻击。

将自己的孤独感说出来是好的，也是必须的，但没有必要用自己的要求给周围人施压。我们说过，如果没有经过语言加工（没有语言的糅合、消化和转化），抛弃感仍会停留在原始状态。它没有被描述，我们就几乎不能从中找到创伤的"大场景"，这样一切都能被解决。解围之神（deus exmachina）只会出现在戏剧中。而这项"求助"的工作可以循序渐进地被释解，以至于到了最后，我们不会再徒劳地向无法帮助我们的人求助。首先从脱离我们之前依恋的、被我们内化为监护者的对象开始，换句话说：成长就是改变爱的对象。

18

我感觉自己不存在

像废品一样被抛弃 - 不存在和羞愧感 - 从恐惧症到失去
自我 - 如何应对？

　　有些人开始心理分析或心理治疗是因为感觉到空虚。"我觉得
自己不存在。"他们这样说。有人会用玩笑回应这种想法，就像是
一些急匆匆的家长回复的那样："你在这儿，我也看得到你，所以
你说的根本就是傻话！"然而，这话却要被认真对待。这些人觉得
自己既不存在于自己的身体里，也不存在于自己的精神中。他们的
动作、快乐和痛苦都不真实地属于他们，他们觉得说出的话并不是
他们所思考的，他们对什么都感到不确定。他们觉得自己其实在扮
演一个角色，活在自己的阴影之中。他们觉得自己的生活是荒谬、
失败的。当这种感觉变极端时，他们就不想再醒过来……否则被唤
醒的就是他们噩梦般的生活。

像废品一样被抛弃

被抛弃感如果到达了极限，就会导致这种缺乏存在感。几乎没得到过爱的孩子无法在父母的眼中自我构建，他们从镜像中看到的是一片空白。我们说过，这些孩子会觉得自己之所以被拒绝，肯定是有原因的：而结果就是他们觉得自己有罪！他们于是将自己看作是某种废品：被人扔掉的没价值的物品……就像我们口头所说的："他就是一坨屎"，这也同肛欲期的想象有关，我们之前已经提到过了。

人格解体

人格解体的症状中也有对自我存在的怀疑。人的主体性减弱：我们感觉不到自己是谁，我们的身体不再是自己的，我们无法在镜子中认出自己，还有时，整个现实都变得奇怪，现实也不像是现实。这些感觉会引发强烈的思考，以至于我们无法用确切的词语描述我们的感觉……

这类状态频繁出现在青春期。我们要给予关注，因为这可能预示着精神疾病。而当觉醒状态被扰乱（意外事故，吸毒……）时，这种情况就会降临到任何一个人身上。

一旦恋爱具有某种情欲性质，这类状态也会出现在恋爱中，或者说是在恋爱之初、热恋期和分手时。

我们用"分裂"来描述解体了的自我。这也有可能是混沌的、回归原初融合的自我。

不存在和羞愧感

反常的是，不存在感和空虚感还可以引发膨胀。而究其根源还是要追溯到童年。过于爱孩子的父母会以他们的方式将孩子变为自己的一部分。而原因则常常是无意识的，母亲常常从怀孕时起就不把孩子视作是和自己有区别的另一个人——从怀孕六个月，肚子隆起，孩子开始自己活动，成了能生存的胎儿。分娩时，母亲觉得自己生下的与其说是自己的孩子，倒不如说是自己的一部分。所以，孩子的身体总是在想象中与母亲的身体相联结。而父亲更会加强这一作用。孩子继续同父母保持这种模拟关系：他 / 她模仿父母，或者说无论是其动作还是想法都并不真正属于自己。而随之而来的就是封闭的烦恼，孩子想让自己摆脱这种状态。因此，他们成年之后觉得自己不存在，我们对此不会感到惊讶。这些孩子经历了一些紊乱。例如，善饥症和厌食症：患者不觉得自己存在于自己的身体中，用极端的方式获得存在感：通过厌食让自己处于死亡边缘，或者是无法承受地暴饮暴食。

莫伊斯的例子，走出"围困"

在《不可能的诞生》[①]中，塔玛拉·兰道（Tamara Landau）关注了一项经过十次治疗而得到解决的病例。

莫伊斯三岁零九个月，他不说话，常常疯狂发作，不与其他孩子接触交流。这种情况让人想到了自闭症，所以要对孩子进行治疗。心理分析师倾向于从母亲那里着手。

母亲将儿子描述为非常黏人，总是跟着她。夜里他会跑到爸妈的床上。精神分析师说这是因为他怕母亲担心失去自己。

母亲后来因为生病了，不得不将第二次治疗改期。但令人惊讶的是，孩子不再去他们的床上了。心理分析师于是让母亲明白，一旦孩子感觉到母亲可以忍受自己，他就会和母亲分离。

之后的几次治疗中，她生气地表达对儿子的不满，她看起来筋疲力尽：孩子不停地反对我。她还提出了一个自己搞不懂的情形：在地铁上，孩子突然发作，但如果她不在场，反而一切顺利……心理分析师估计这位母亲在与孩子互动时不会觉得自己是"活着的"，在怀孕时她和儿子曾在无意识中分享同一个空间，而如今分享的是同一个地铁车厢。这种融合关系暗示着母亲对分娩感到痛苦，仿佛对她来说，同孩子的分离就意味

---

① 塔玛拉·兰朵（Tamara Landau），《不可能的诞生》（*L'Impossible naissance*）。

着自己的消失。

母亲又因为生病将下一次的治疗延期，但她指出自己可以和莫伊斯一起坐地铁了，没有任何问题！但看到儿子不能和其他孩子玩耍，她感到伤心：想象着儿子可能体验到的感受，她第一次感觉自己和儿子区分开来了。

莫伊斯取得了进步，他开始画画，而他之前从没有这样做过：从他的画中能看到包含，也能看到分别……母亲第一次将他作为主体对待：她向他提问，孩子用动作解释自己的画。也是第一次，孩子在第二天早晨开口说话了："妈妈，不要牛奶……"

莫伊斯之前被封锁、关闭在与母亲同一空间中，而母亲没能将孩子放置在与自己相别的空间中。

最开始时，我们要从他人那里获得自我建构，他人的关注、苦恼、欲望吸引着我们，我们要做出回应（但从来没有实现）。因此，我们可以说我们是从另一个人那里变来的。我们无法独立自我建构，而是要在关系或依靠关系来建构——而且这个关系需要是健康的，这一关系中的爱被合适地安放。这种关系要完成这一悖论：母亲（为了保持其原初对话者的身份）要把孩子放置在自己的渴望中，最后将其看作是与自己相区别的人。所以母亲至少要爱孩子的两个身份：像爱自己的亲生骨肉那样爱孩子，然后像爱一个陌生人那样爱他 / 她（而这个陌生人就像是孩子的父亲，她的爱人一样）。我们要承认这项工作并不容易：一切都取决于母亲的经历，这是她无法控制的，取决于她和自己母亲的关系，从她还是个胎儿时算起……

这让我们做出这样的评述：乱伦和乱伦性（在之前的第二章和之后的第十三章都有涉及）的有毒之处在于，它们不仅仅是性欲的、情色的，而是会让我们进入一种不明晰的原初融合空间中。

从恐惧症到失去自我

当我们拥有存在感时，是因为我们首先为爱我们的人而存在。我们说过，这首先从怀孕时母亲将孩子视为同一开始，她就像是二合一。孩子出生后就是打破融合的过程，也是识别孩子的过程。当孩子与母体相融时，我们可以说他/她无处不在却又处处不在。孩子的全能需求在现实中处处碰壁，尤其是当他/她没有构建阿尔多·纳乌里（Aldo Naouri）和弗朗索瓦兹·多尔多所说的"基础形象"（image de base）时。她将其更准确地定义为"对身体的无意识形象"（image inconsciente du corps），这一形象形成于出生前与母亲的关系。我们可以说，一个敏锐的身体离不开在此关系中体验到的感觉、味道、声音、频率和情绪。这段关系构成了存在的连续体，也让母子在开始将两者相区分的空间中生活。第一个主体将是心理主体，由有意义的感觉构成，之后才会受语言影响，更接近于生物主体。

如果第一个主体没有被很好地建构，就会被"围困"在母亲内部，就像塔玛拉·兰道（Tamara Landau）所说的那样；换句话说，如果原初自恋很弱^①，任何打击都可能让主体崩裂。所以，孩子（之后的成人）因害怕瓦解、消失而感到恐慌，他们就在一个无底洞的边缘——这一强烈的痛苦让人无法承受。为了保卫自我，孩子为自己提供一些让人恐惧的客体：他们以此尝试着为恐慌定位，限制恐慌。而这就是我们所说的恐惧症。他们生活在被虚无所威胁的状态之中。

当恐惧症变得强烈并四处蔓延时，当其超出了童年的恐惧感和成人的怪癖范畴，就预示着心理脆弱，需要严肃对待。

原始焦虑

精神病患者的自我身体形象没有被良好构建。不同的感觉也并不协调一致：耳朵接收声音，眼睛看物体，手指触摸物体，但却无法获得综合感受。这种感觉的重叠不一定能构建三维空间。弗朗西丝·塔丹（Frances Tustin^②）给出了一个例子，讲的是关于身体内外部的混乱，婴儿的嘴咬了乳头的一部分，于是就有了嘴被拔除的幻觉。就好像嘴、舌头和乳房之间具有连续性一样。此后，任何哺乳中断都成了灾难性的！这些恐慌是身体的世界末日的恐慌：主体不断下沉，被淹没，爆炸……

---

① 前文有过介绍。
② 弗朗西丝·塔丹（Frances Tustin），《心灵的黑洞》（*Le Trou noir de la psyché*），Seuil, 1989.

如何应对？

我们已经看到了，有不同程度的存在感缺乏。这里我们还是建议使用自我暗示的方法："出门吧！去看电影！交一些朋友！"可惜的是，依靠意念常常还不够……

没有存在感在本质上是因为难以将他人与自己相区别。一切都被混淆在一起……所以要做的就是走出这一状态，找到属于自己的行为和思想，完全属于自己的……这就需要将母亲、家庭营造的空间与个人空间相分离。

19

我恨他们

暴力的开始－犯罪－侵略性的好意？－必须反抗－缺爱
孩子的反抗

我们已经探索了缺乏爱、不适宜的爱和心理缺失所造成的后果：缺乏自信，抑郁，感觉被抛弃甚至是缺乏存在感。但还存在一种反应似乎乍看来并不关乎缺失。这是一些具有攻击性的反应。它们可能是毁灭性的，也可能是拯救性的，一切取决于其目的是犯罪还是反抗。

暴力的开始

在暴力中，我们重新回到了并不健全的原初状态。这是一种从语言到行动的退化。暴力是对语言的滥用——例如，当语言变成了辱骂，语言就转化成了撞击的行为，而不是交流对话的方式。

让我们再一次回到出生时，如果感觉到身体中有个很大的空洞而不是小洞，孩子会哭泣。母亲如果是有爱的，会用语言来安抚："啊！你真的是饿坏了！""真贪吃！"……母亲在哺乳时同样会用语言哺育孩子，孩子慢慢地可以将语言与自己的感觉、满足以及对满足的期待相关联。一旦拥有了语言，孩子就可以在母亲缺席时再现自己想要的，这让孩子得以等待，延迟，不被自己的欲望所控制。

所以，是母亲（或其他照顾孩子的人）的爱，是这份爱让孩子学会表达，使得婴儿能够实现对自我和对客体的倾注。对自己：孩子承认并将自己的需求和满足作为客体。对他人：孩子将母亲看作好的客体，在身体上同她内化之后（乳汁和乳房①是母亲的一部分），在心理上同她内化。而这种状态会在暴力中迸裂。原因是什么？

当母亲缺乏爱时，可能是因为爱心不足，也可能是因为故意为之，孩子对自己和对客体的爱的循环就会终止。我们倒是可以说，与其认为这类母亲（所有对于孩子来说是母性的事物）要帮助孩子自我构建，成为精神食粮，倒不如说她更像是一个敌对者。

这种爱的对象的差别会以孩子的自体性欲形式表现：婴儿不会再幸福地吸吮拇指，并从中找到属于好妈妈的部分，他反而在寻找一些感觉，能使自己忘记妈妈，让自己在没有妈妈的情况下也能拥有存在感。婴儿会在内部感觉中找到这类感觉，有时也会从周围环境中寻找：摇晃，身体刺激，对客体的奇怪欲望……同母亲（母性）的关联越是减弱，倾注就变得越机械，越缺少情感。

菲利普·贾迈（Philippe Jeammet）描述了这一过程并做出总结：

---

① 这里的"乳房"指的是一个整体，可以说乳房、奶瓶、奶，还可以是哺乳时身体和身体相贴的时刻，就像是出生前母子相融时一样（再到以后的交媾）。同样的，"母亲"这个词被用来指母性：当然可以是母亲，也可以是像母亲一样照顾孩子的父亲，或者是任何一个照顾孩子的人。

破坏性的暴力是缺乏抚爱的孩子获得存在感的唯一途径。也就是说，同自己交流而不是和"爱的"客体交流。但这一交流只要没有和客体付出的力比多柔情相联结，它就是毁灭性的[1]。

之后，菲利普·贾迈又描述了缺乏自恋、缺乏自我构建是如何扰乱同他者的关系。我们说到过，缺乏自恋会阻碍延迟：它无法给予足够的主观性，因而无法建立自主性面对外界。于是，我们与外界现实相接触，被打击，我们要依靠它才能获得满足；或者说他者会威胁我们，有时甚至会威胁我们的存在。

菲利普·贾迈还写道：

一个潜在的暴力主体会觉得自己需要他人是一种难以忍受的依赖感。面对这一使他陷入被动的可怕需求，他会觉得自己被威胁，被削弱了[2]。

烦躁源于客体，而不是自身。如果情感是好的，不管是温情还是欲望，这都不过是缺少对自己的掌控——因为它来自于外界。如果情感是坏的，不管是轻蔑还是简单的不认可，主体的存在就会被质疑。他人回应中的不足会被认为是对自己的侮辱。于是，为了反抗自己的遭遇，能做的就只有暴力，有时甚至是施加于自身的暴力。

---

① 菲利普·贾迈（Philippe Jeammet），《暴力如何回应身份威胁》（*La violence comme réponse à une menace sur L'identité*），Filigrane, vol. 17, 2008.

② 同上。

所以这就是一个镜像反转：暴力者让他人体验自己所经历的主观性缺失，身份缺失。

这就是为什么缺乏爱会引发犯罪。

犯罪

缺爱的孩子比其他孩子容易遗尿，更加爱吵闹、爱破坏、贪吃……但所有的孩子都曾在青春期前的某阶段经历过唐纳德·W.温尼科特所说的"反社会"情绪。他们就像是一声呼喊，最后变成什么样子取决于得到的答复。温尼科特说：

孩子的反社会倾向代表着（无意识的）希望，这一希望是为了弥补情感断奶引发的创伤[1]。

不适宜的回应（冷漠、不管不顾、压制）可能会让孩子困在这些行为之中，还会走上犯罪道路。（这里又要重复了）因为同法律和社会的关系在孩子两至三岁时学习，那时孩子还能够轻易地被家长的教育介入。再往后就会变得很难了！

如果孩子无法获得爱，他们就至少会怀有恨。这对于他们来说几乎是一个东西：在这两种情况下，会有人关注他们。他们会用犯罪的方式实现关注。也就是说他们并不是不了解法律，而是和法律之间产生困难的敌对关系。为什么会这样？

① 唐纳德·W.温尼科特（Donald W. Winnicott），《儿童成熟过程》（Processus de maturation chez l'enfant），Payot, 1989.

不够爱孩子的父母无法让孩子将法律内化为一种好的东西①。法律不过是一系列妨碍生活的禁令。但孩子发现自己在做傻事时，父母以及周围的人都会产生反应。违禁越是严重，周围人就越会照顾他们，越不会遗忘他们。

违禁本身既不好也不坏。但会产生很多用途。首先，我们会注意到法律在提出禁止时会引发反常：法律指出欲望的主体并告知其不应该做一些事……亚当和夏娃如此反抗："被禁止的应该是好的。"他们这样认为……他们于是偷食了禁果……还有一种情况：有时违反"坏的法律"是为了改变它。

犯罪者同法律产生了另一种关系。他们在潜意识中牺牲自己。他们通过罪行让自己受惩罚。从这种意义上看，犯罪是一种反常的爱，与之相连的愉悦具有受虐性。

惩罚一个罪人其实是在满足他潜意识中所寻找的愉悦。为了重复这种愉悦，他还会再犯！因此，犯罪者和法律代理人可以成为一对利奥波德·萨克－莫索克（Leopold von Sacher-Masoch②）笔下的虐恋情侣。在这种反常之中，合法性发挥了关键作用：施虐者让受害人签署合同，后者在合同中表示接受虐待。法国作家阿兰·罗布－格里耶（Alain Robbe-Grillet）的妻子曾在回忆录中讲述了丈夫是如何让自己签署这样一份协议。

① 参见48页"必须禁止"中的内容。
② 利奥波德·萨克－莫索克（Leopold von Sacher-Masoch），《穿裘皮大衣的维纳斯》（La Vénus à la fourrure），Pocket, 2013.

自由，无法无天

在十几年的诊断中，我们遇到了越来越多表现出反社会行为的患者。但他们似乎又是完全无辜的。他们没有将法律内化，法律对他们来说没有任何意义，所以他们不觉得自己有错！如果他们没有犯罪，我们就不能说他们是违抗者。

能在神经官能症、精神病和反常之中给他们找到位置：我们于是将他们称作是"边界"（borderline）。他们忽视禁止：我们因此把他们称作反社会人格或精神变态。他们易冲动，不合群，狂妄自大，他们有时候接近妄想，却其实处于现实之中。这就是为什么我们说他们表现出非幻觉精神病。

就像癔症是 20 世纪的世纪病，心理疾病是我们这个世纪的世纪病。我们的现实"理想"（被宣扬鼓吹但好在没有被所有人接受！）也与此完美一致：只能依靠自己，将他人视作个人愉悦的手段，想要马上获得一切，什么都不能阻碍我们（法律也一样），自由就意味着做一切想做的事！

侵略性的好意?

原则上讲，我们认为侵略性（也包括与"被动"相反的意思）是不好的。要想吃一个苹果，就要用牙齿攻击它。同样地，如果愤怒从不具有客观性，它就可能拯救我们，让我们摆脱他人的支配。

我们行为、思想、幻想的主动性总是具有侵略性。就像是在一些生命活动中一样：吃奶的婴儿想象自己吞食了母亲，但事实上吃下的是母亲的一部分——乳汁；在性行为中，男性具有侵略性，女性则被侵略。

所以我们无法认为侵略是具有"好意"的，只能从中看到破坏整体和谐的危险。而和谐则意味着秩序、美和幸福……弗洛伊德最终将侵略性看作是死亡冲动 Thanato（也就是说侵略冲动的全部目的在于摧毁，将聚合在一起的东西瓦解），将其与爱欲（Eros）相对立，爱欲是创造并维护整体的生命力，这里的整体指的是生物学上的细胞和机体，还有社会学上的个人与整体。我们不能忽略的是，死亡冲动会让爱欲变得错综复杂，还会帮助其实现目标，就像是咬苹果一样……

二冲力

在印度，每个神灵都有其亲信也有其反对者，他们对此无能为力。同样的，西方的圣人和天使也会遇到恶龙，如圣米歇尔。古代的哲学家以及马克思主义者也一样：他们在雄辩中找到拯救的方法，但两方的对立会产生第三方……我们的表现仿佛具有神话性结构。我们还可以就近找到例子！女人对男人（或相反），会产生孩子……

必须反抗

按照词源学解释，反抗（révolte）就是再一次"volte"——而"volte"指的是骑马的人让马做出的绕圈运动，这也让人想到"révolution"（公转），天文学中指的是天体沿着其轨道做出的持续运动。"新的转向"：这也可以是反抗（révolte）的意思：我们从过去汲取，完成新的内容。

因此，反抗可以是对过去的重复运动，按照过去的方向，但再次阐释会通向新世界……这就是青春期的情况：理想崩塌！我们在儿童时所崇拜的那些人显得无能，成了批判的对象！国王和皇后一文不值！青少年开始自我崩塌，失去效仿的标准；而这也同样会引发抑郁，以及攻击性的批判：这些家长曾经让他们陷入幻想，可事实上他们并不漂亮，也没有强大到可以保护自己！所以青少年不再想拥有他们了，可是……

所以，青春期是一个"新的转向"，会表现出侵略性。在这一反抗阶段，童年的理想典范被重新审视，也常常因为新典范的出现而被抛弃。即使我们不做出新的改变：至少也会自愿地同家庭典范、同我们所隶属的"部落"相脱离。

通常来讲，这种批判和再构建的工作在心理活动中完成。心理上的"活着"就是有能力改变；也就是说能够重新审视自己的信仰、选择、爱与恨。

这也是我们在接受心理分析治疗时所做的。我们会重新审查自己的过去，向自己提问，用新的眼光看待，然后与之脱离并找到自己的渴望，看看其中的特殊之处。我们也可以把这一过程称为自我介入，但这无法独自完成，要依赖于和他者建立的关联。

缺爱孩子的反抗

在之前几章的"如何应对"中，我常常如此作答：做出你的秘密反抗，批判那些并不爱你或不足够爱你的人同你之间建立的联结。

要想做到这一点，就要重新审视自己的理想典范。如果家庭观念很重要，我们无法将之放弃，但父母的尊重却成了我们的禁忌，这种情况就很麻烦了！当事人成为集体的一员后，会更倾向于不被爱：我们准备好了接受受虐的快乐。

我们可以将自己的精神分析追溯至之前的几代人，明白事件是如何影响我们的祖先，理解使我们不被爱的代代相传的痛苦联结：祖父死于战争，母亲被抛弃，孤儿……但这种理解从不会变为谅解——除非我们彻底否定了想让自己被爱的渴望。

所以要下决心做出批评分析，直到改变"有其父必有其子"的观点。实现这种脱离，抛弃不够爱我们的人带来的不满与痛苦，不再为他们的冷漠而感到难过或是强烈地想被他们承认，这些都不容易做到。需要我们重新回顾自己的童年时光，那时的我们处于依附状态，很难做出不同的反应；但如今时过境迁，我们能找到路线、找到对话者，从而重新构建自己，援助的对象这可能是老师、祖母、朋友、爱人……

20

无论怎样，我总是无法感觉被爱

*孩童之爱的绿色天堂－拒绝失去－爱的终止－俄狄浦斯，
当你依恋我们……*

有一系列的痛苦具有矛盾性。我们身边聚集着爱我们的人，但还是起不到任何作用……有时我们会弄错，还有些时候我们的知觉是对的，向我们宣称或证明的爱其实并不是那么的真切。但也有时候，不管周围人做了什么，我们仍旧感受得到难以容忍的疏离感。

孩童之爱的绿色天堂

在本书的开始，我们快速地回顾了人生的进程。可以说，我们离开与母亲的未分化状态（虽然出生之前就已经开始分离），为了（或多或少地）达到个人化，成为自己的主体。因此我们可以说，我们从融合走向孤独，成为主体就意味着承认相异性。他者就是他者……也就是说，虽然有相遇，但总有些成谜的东西永远未知。

我们的成长道路可以被描述为一系列的失去，正是它们让我们成长，让我们成为主体。弗朗索瓦兹·多尔多将这些考验称为"象征性生成阉割"（castration symboligène）。这一说法对于不太了解心理分析的读者来说可能显得陌生。但它其实有利于重构变化的强度。因为这是可以让我们获得全面满足的某种失去，我们知道我们能承受得住！所以我们要抛弃愉悦，以及与之相连的全能感。可为什么要这样做？这一过程很残酷。为了接受这一点，就要在失去的同时明白我们赢得了什么。我们多少能够完成这一过程，当然肯定也会有所感受！在情欲中，我们感觉自己找到了曾经抛弃的东西；我们会想到充实感和全能感。

　　我们简要回顾一下这些考验①。第一个考验就是出生：切断脐带，我们就离开了水的世界，进入空气世界，来到完整的世界。第二个考验是断奶，我们失去了母体，与其保持距离，进入语言的世界。第三个考验是"肛门阉割"：我们遭遇禁止，无法做自己想做的事。如果服从了禁止，我们就发现了和他者的交际，开始进入社会。第四个考验是发现性别：我们不是全能的，无法靠自己获得孩子，我们开始发现对他者的欲望所带来的快乐，对方与我们不同，有神秘性。我们会和妈妈或者爸爸拥有一个孩子……第五个考验就是俄狄浦斯阶段，要拒绝嫁给父亲或是娶了母亲。我们因而接受了人类社会法则，家庭是面向社会开放的。于是我们会爱恋一个人，可以爱上世界上的所有男人和女人！

----

　　① 更详细的解释参见《向家长解释多尔多》（*Dolto expliquée aux parents*），L'Archipel, 1998.）

拒绝失去

这些过程的实现常常并不困难，只要周围的人给我们一点点关怀或帮助就可以完成。但我们身上还有一些残留，我们的一些部分无法拒绝最初的全能和愉悦（虽然这只是想象中的情况！），这些都保留在我们的潜意识中。我们的症状便来源于此，它们构成了我们的神经官能症，我们的小痛苦，恐惧症，怪癖，对健康的夸张性担忧，无缘由地发怒……如果这些没有过多地占据我们的生活，我们就还能活得不错。

这些症状之一在于不能忍受某种我们无法鉴别的匮乏或空虚。"疏离"一词便被纳入考虑，这可能是因为我们没有像自己希望的那样被爱（偏执狂则认为，"他们"应该爱我！）。

爱的终止

这种匮乏如何体现？

我们觉得自己被遗忘了（偏执狂则认为自己被别人回避），我们没有被承认……这种体验其实反映了曾经的体验或最初的体验，本书中已经不止一次提到过了。我们最初的焦虑也来自于婴儿时期母亲一系列的在场与缺席。母亲在哪里，我们就在哪里，母亲离开了，我们也就不存在了……建立了独立于自己、即便不缺席也存在的爱的对象之后，婴儿感觉到安心：妈妈不在那里，但她会回来。如果对爱的对象建构的不完全，我们就会觉得当一个人缺席了，他／她就不存在。这种感觉会在爱情爆发时变得极为强烈：爱人不在的时候，我们就失去了一切，仿佛整个世界都不见了……

更糟糕的则是嫉妒：我们只会被遗忘，没有人关注我们！他们竟然关注那个白痴，那个丑女……这也同样有迹可循，小时候，如果母亲关注我们之外的其他事物，这说明别人比我们更能让她高兴、满意……我们不再是母亲的全部，不再是她眼中的最大奇迹！这让我们的自恋衰退！母亲所关注的这一事物就是她愉悦的来源，而我们不是，于是我们看到了这一陌生事物的权力，这足以让我们产生恨。第一个他者，那个打破了幸福二元关系的人，会被我们怨恨。这个陌生人扰乱了幸福的融合①。

孩子因而会感觉很孤单：母亲不关心，父亲忽视。当孩子看到、听到、想到（事实和想象相融合），有时候仅仅是想象自己对于父母来说根本不存在，孩子的孤独感会达到顶点。他们的二人世界会更好，父母待在卧室里，关上房门：这就是一幅典型的驱逐画面。父母关注二人世界，不再考虑孩子。这其实就是有时被误用的"原初场景"（Primal Scene）。

如果现实能够为原初场景的幻想提供一些迹象，原初场景就成了心理分析中原初幻想，因为这一场景对于孩子（及之后的成人）来说是他/她的孕育过程。通过对意识中出现的事件进行精神分析治疗，无意识幻想便也从中构建。在这一原初场景中，父亲是施虐者，

---

① 民族主义和种族主义也是仇恨不同的人，那些想要掠夺我们财富的人，这与对母亲的情感相似：我们的祖国母亲，我们的生存资料（乳汁），我们的女人……

让母亲痛苦地叫喊……而主体将自己同化为这一场景中的所有主角：他是施虐的父亲，也是受虐的母亲，还是被孕育出的孩子。

孩子在现实生活中看到的场景会渗入这一想象中。在对原初场景的幻想中，他就是全能的导演，但在现实中，他感觉自己很孤独。如果控制不了局面，孤独感就会继续存在，之后只要现实生活中的某个场景与之相关联，孤独感就会再次来袭。

这种爱的终止的感觉会具有决定性。在三岁和六岁之间，在俄狄浦斯期，孩子很难接受父母的拒绝。不，孩子不能和爸爸或妈妈结婚，也不能和他 / 她拥有孩子。这种情况常常还没有被谈论就已经成了过去，甚至是无意识地完成。就像亚当和夏娃一样，孩子觉得自己被从天堂里赶了出来……他们要做的就是找到一个同伴获得安慰！我们看到孩子常常会度过考验，但并不完全、永远地克服了它们……

俄狄浦斯，当你依恋我们……

综合来看，我们可以设想对"完全的爱"的向往将我们引上了一条需要审视的道路。爱和被爱都是好的，但要适可而止！我在前几章中试着提出了这个问题，也区分了爱与情欲的区别。

如果持续地感觉不被爱，但现实却与感受相反，这就要在没有被解决的"俄狄浦斯情结"中寻找答案了。就像是在重复曾经面对父母提出的禁止时，我们的躁动不安。因此，对缺爱的怀念和感伤如果过于强烈，影响到生活，就说明自己怀念的其实是乱伦之爱。

第五部分

生活的考验

正是童年时获得的经验和知识让我们得以应对生活中的考验。它们如何在每个考验中发挥作用？我们如何应对？

我们发现现实情况总会受过去的情况所影响，就像是个模板框架或使用说明书：我们会用现在的情况重复曾经的经验。

21

父母离异

不确定的爱 – 幼儿时期父母分开 – 俄狄浦斯时期父母分开 – 青春期父母分开 – 冲向敌人！– 家长化的孩子

　　无论父母在孩子的童年时、青春期还是成年时分离，都会让孩子对爱产生怀疑。父母可以"重新开始他们的生活"，但孩子与这两位家长的生活却被彻底打破了。

　　2011年，这一问题波及二百万以上父母离异的儿童（也就是十八岁以上法国人口的16%），还没有算非婚生孩子——如果有14万对父母离婚，就会有约35万（未婚）父母分手。

　　我们常说父母的分离会造成孩子永远无法恢复的创伤。如果相信家庭保卫协会（家庭是自然产生的，而不是随着历史发展而产生的社会构造）的说法，父母离异会对孩子造成不可逆转的损伤，从难以适应学校学习生活，再到犯罪，最后还可能会发疯……

　　如果说父母的分离是一种创伤，那总有办法、有条件克服。这种说法似乎更加合理。

不确定的爱

然而，关于爱的问题总是在发挥作用。孩子发现人们可以爱，也可以不爱……如果这对于父母来说是可能的，那对于自己也一样：自己有可能不再被爱？原来爱与被爱的相互性并不是自然具备的。孩子爱自己的父母，他们就是可爱的：但为什么他们不再相爱了呢？此外，他们是不是从来没有相爱过？他们孕育了孩子，但他们爱孩子吗？存在感于是被撼动……原初幻想，原初场景①又被质疑了。这就是为什么孩子需要被告知，他们需要知道：父母在孕育自己时是相爱的，父母为孩子的出生而开心。

所以，父母的分离也要被说出来，因为"爱"会产生混淆：它既指父母的情感和性联结，又指孩子和父母之间的联结。孩子于是能够区别这两种爱，从而确定父母之间爱的终结并不意味着父母不再爱自己。然而，在重组家庭中，混乱则一直存在：我们所说的兄弟、姐妹、爸爸、妈妈、同父异母和同母异父的兄弟姐妹、继父继母究竟是什么？没有词汇可以完全描述所有情况。所以要做出发明。例如，我们会区别"妈妈"和"宝琳娜妈妈"，后者才是爸爸的爱人，当我们在爸爸家时，她也会照顾我们……我们也可以借用弗朗索瓦兹·多尔多提出的区别：生父 / 母，养育照顾孩子的父 / 母：这常常不是同样的人。

---

① 原初场景：在这一无意识的场景中，我们想象自己被孕育。我们因而回答这一问题：我从哪里来？

幼儿时期父母分开

父母分离对孩子造成的影响根据情况和孩子的年龄而定。

很小的孩子并不具备理解自己所处情况的能力。他们就像是一块海绵，会吸收父母的焦虑和攻击，产生行为紊乱（失眠，遗尿……）和身体紊乱（生病……）。这就是为什么要向孩子讲述父母关系的终结，即使孩子还不具备语言能力。如果父母觉得自己做不到，可以把这一任务委托给孩子身边的人（祖父，祖母……）

在年幼时，孩子的构建还依赖于周围的环境。为了生存，他们仍旧需要爸爸-妈妈的组合结构。他们需要完整的时间和地点。然而，父母的时间进程被打破了，而孩子的存在地点也不再被简单定义：在爸爸家？在妈妈家？家不再是身体的延展，而孩子需要在家的内部构建自己的身份。

所以要保证孩子自我构建所需的一致性和连续性。否则，他们就可能怀有混乱的情感，怀疑自己的感觉和愿望。

俄狄浦斯时期父母分开

俄狄浦斯期，孩子约三至八岁时，父母的分离既是潜意识里的失败，也是潜意识里的成功。

如果离异的根源在于孩子的乱伦父母，这就是一场失败。女孩想和父亲结婚，可父亲却走了：这引发了第一次爱的痛苦。她开始时将母亲作为获胜的对手，而（有时，常常）另一个女性赢得了父亲！

战争永远没有尽头！尤其是在俄狄浦斯冲突即将被抑制时，它会重新显露，变得同最强烈时一样……如果离开的是母亲，男孩体验到的挫败感会更加苛刻。

父母的分离同样也是潜意识中的成功。小俄狄浦斯们的愿望于是被满足了！他们想要消灭自己的敌人，敌人正好离开了！他们所爱的父亲或母亲留在他们的身边。潜意识梦想成真：孩子开始相信自己就是父母分离的原因，他们曾对此异常渴望！但让喜悦变为负罪感的理由是：如我们所知，胜利的俄狄浦斯会被惩罚，因为他违反了禁止乱伦的法令；被惩罚也是因为象征性地杀死了与自己相竞争的父亲。所以，这一场胜利可能让自己付出一系列自我惩罚的代价：抑郁状态、学业失败，等等。

青春期父母分开

青少年想要摆脱父母的控制，离开"老年人的房子"，这下他们开心了，因为父母走了！年轻人占据了他们的位置，世界颠倒了！之前是青少年有欲望，而现在他们父母的欲望变激烈了！青少年觉得自己被家庭的问题所困住，这对他们来说是一种退化。他们面对的是关于忠诚的冲突：无法在父亲和母亲之间做出选择，虽然他们对这个问题有自己的想法。好在他们（有时）足够成熟，可以抵御父母的压力——把孩子拉到自己的阵营对抗另一方，不去面对父母引发的混乱。

青少年一方面需要获得解放，另一方面又需要家庭中退化，而家庭又要抛弃他们，他们因而会爆发！他们还需要童年时的理想父母，这至少还应该维持一段时间，可是一切都崩塌了！他们必须快点长大，虽然这可能并不出于他们的本意。

冲向敌人！

父母离异的孩子处于父母冲突的中心：父母双方有不一样的想法，而重组家庭则建立了不同的领地，孩子要从中找到自己的位置。不过，重组家庭也可能会让孩子更丰富：让孩子看到不同类型的生活范例，多种认同来源。

同时，孩子不得不经历忠诚冲突：虽然他们来自于父母双方，但不得不放弃或减少对他们一方的爱。但一位爱孩子的父母会试着避免这种痛苦。

选择父母中的一方，就是拒绝另一方父 / 母的爱，以怨恨他 / 她的方式体验这种缺失。孩子赞同一方，反对另一方，将自己封闭在情感关系中，但这一关系说到底并不属于孩子自己，而是属于与其合体的父母。孩子因此被授予一个任务，他们要和父母及其重组的家庭抗争。

家长化的孩子

我们说过，孩子想要取代缺席的家长。孩子们对与自己生活在一起的父母所表现的犹豫与痛苦非常敏感，他们想要帮助父母。一些家长太过抑郁、不成熟，接受孩子取代原本并不属于他们的位置，甚至主动将位置交给他们——却不考虑对孩子造成的失衡。成为父亲或母亲的搭档，这当然可以满足俄狄浦斯愉悦，但总会有损童年。

　　孩子成了父母的保护者，通常是母亲[①]的保护者。他们会安慰、保护母亲，为她做出牺牲。所以就不可能反对母亲或做出任性的决定！他们要变得完美……这一位置使他们尝试着审查父母的行为举止：想要了解他们最秘密的想法，例如欲望。当然了，孩子也会对父母潜在的伴侣发表意见……有时候母亲会为了儿子或女儿的幸福而拒绝一位情人……孩子于是获得了为父母、为自己做决定的特权。这就让孩子有可能无法忍受任何权威。

同睡

　　这个词非常时髦，看上去也没什么危害。和家人睡在一起真是太好了！人们在孩子还是婴儿时就这么做，随着时间的推移，到了俄狄浦斯期，孩子还和家长一起睡！没办法离开父母的床！

　　如果父母离异，这个问题就又被提出来了。孩子已经准备好在身体上和情感上温暖母亲或父亲……而前者感觉到很大的空虚，也准备好做出让步……当然不是为了自己，而是为了感

---

　　① 离异如果是由法律判决决定的，84% 的情况将孩子判给母亲，11% 的情况将孩子判给父亲，4% 由父母双方轮流看护。在夫妻相互达成协议离婚的情况下，71.8% 的情况是母亲获得孩子的抚养权，6.5% 的父亲获得抚养权。

觉到被抛弃的孩子。家长忘记了对于孩子来说，在同一张床上具有强烈的俄狄浦斯意味。

　　一旦孩子坚持，父母（奇怪地）觉得自己无法反对孩子，改变情况似乎是不可能的了。通常情况下，来自第三者合适的禁止可以让孩子的这一症状消失……父母也必须接受这一禁止！还有时只需一次心理治疗就可以完成。

　　孩子因此成了"被抛弃"父母的支撑。孩子要做的一切事情都是为了让父母开心。这就让孩子牺牲了自己的童年，但这又怎么样呢，既然孩子觉得自己是母亲或者是父亲的"一切"……同时，无论做出何种努力，孩子都会发现这根本不可能，自己总是失败。母亲可以叫嚷儿子就是自己的一切，即使是当她放弃了自己的性别特征，儿子也知道自己不可能让她真正幸福……他还会认为情况很严重！

22

青少年犯罪

危险的年龄－社会反抗心理？－儿童时期的灾难－青少
年的悖论－主观性缺失－追寻法令－如何应对？

我们说到过，青春期是对所有情感的改组期：父母的爱，对自
己的爱，对他人的爱。青春期的兴奋还会让过去复活：小俄狄浦斯
又出现了，但这次，孩子已经拥有了成人的身体和生育能力。童年
时所有没解决好的问题，主要是肛门阉割和俄狄浦斯阉割，又会强
势回归。如果孩子三岁时的暴力、全能意志没有被驯服，如果乱伦
愿望被抑制却没有被放弃，一切就都会在青春期时再次爆发。因此，
我们可以说，一切都在五岁时被决定了——改变当然是可能的，但
很难实现。

我们见到过一些父母使童年的变化变得容易，他们建立了一种
爱的关系，既尊重孩子，又肯定了孩子的意志，使得孩子成长。从
断奶期到俄狄浦斯禁止，父母都发挥主动的作用。但在青春期的变
化中，孩子第一次支配游戏。他们要重新开始小时候被制止的行为，
但这次父母无法再施加明显的影响。我们可以说父母会收获他们曾

播种的行为，虽然他们并不想如此。

危险的年龄

"青春期"并不是个自然概念。如今，在一些国家，青春期并不存在。青春期出现在西方从封建土地制度转向资本主义工业化时期。父亲不再是土地或手工作坊的主人，而是变成了市场的"奴隶"，无法再传承财产，而只能传递"精神价值"。接近成年时，孩子体验和幻想的转让期许似乎变成了幻象，失望由此而来。父亲失去了光环，国家却尝试着重燃火焰，尤其是依靠创立义务教育和兵役制度……

在十九世纪，人们将青春期视为危险的阶段，会有很多恶习随之而来。奇怪的是，我们发现在同一时期出现了无产者形象，被殖民者形象，他们也被认为是危险且无序的。青少年同这些人一样，反抗并且想获得自由……

今天，我们认为青春期是一种运行方式，我们在一生中都可能经历。中年危机，老年危机同青春期一样，都是产生深刻改组的时期。我们可以想象对历史的理解，历史就是在不停地描述"危机"，至少是从工业社会和资本主义社会以来，这种观点逐渐传播，如今也渗透进了我们对个人生活的理解之中。

此外，在我们这个时代，人们常常到了三十多岁还处于青春期……甚至一辈子都处于青春期！这是因为新自由主义的价值观就是属于青少年的；行为优先于思想，拒绝一切依恋，性与爱相分离，自恋欲……

短期记忆

人们如今惊恐地描述着群体犯罪行为,生活在郊区的人醉心于暴力和上瘾(主要是毒品)行为,专业人士对此也同样感觉恐惧。我们感觉这些情况是新出现的,产生于新的生活条件,摧毁了传统框架,还会造成家庭分裂。

然而,每个年代都有类似的"帮派"。十九世纪六十年代的黑夹克(不良少年),二十世纪有流氓混混。中世纪时,最好不要晚上出门,城里都是年轻人团伙……

加入恐怖组织,参加叙利亚战争,这些会让我们想到青春期初期的团体逻辑:将某一事业或某一领袖(神灵)极端理想化,不完全性成熟(一方面禁欲、升华,另一方面色情),非主观性暴力(没有他者的再现),受死亡引诱,将死亡看作是入教的考验。

社会反抗心理?

郊区汽车被烧,学生抗议,骚扰警察,在低租金住房的地下室策划犯罪,在这些情况下,心理学的思考似乎显得多余。然而社会学调查揭开了秘密:59%的案例中,犯罪者来自单亲家庭,母亲很年轻时就当了妈妈，入不敷出……预估的结果（尤其是具有统计数据时）于是证实了我们之前的想法。定量相对于定性的优势便体现在此：我们处于客观事实中，以至于无须思考。

可事实上，还有41%的情况被忽视了？他们的问题是什么？这些有爸爸有妈妈，每天都能吃饱喝足的孩子怎么了？而这种情况无论如何也占了犯罪者的十分之四！弄明白他们的情况就也能帮助我们理解剩下十分之六的犯罪者的问题！

专注青春期痛苦的心理分析学家让－皮埃尔·卡提耶（Jean-Pierre Chartier）认为，这些孩子在很小的时候经历了重大的缺失、畸形的父母之爱，他对此写下了下面这些话：

我把这种内在灾难称为"心理黑洞"；就像吞噬光和恒星的宇宙黑洞一样，心理黑洞囚禁着主体的力比多，将周围的人、事物吸引过来，摧毁自己[1]……

卡提耶认为，这一黑洞的形成是由于"过早遇到可能致命的暴力"。当然，他不将此应用到所有青少年身上，针对的是变得边缘化的少年，面对他们，无论是父母、学校还是社会机构都感觉无能为力。

---

[1] 让－皮埃尔·卡提耶（Jean-Pierre Chartier），《复杂的青少年》（*Les Adolescents difficiles*），Dunod, 1997.

儿童时期的灾难

如何描述这一阻碍孩子成长为正常人的灾难，或者说是阻碍他们接受生存所需法令的灾难？

很明显，同法律的关系是处于中心地位的。从技术层面上讲，我们说这些孩子超我缺乏，他们没有将禁止的法令内化，也没有将生活和渴望的典范内化。我们说过，随着俄狄浦斯情结的消失，或者说随着对禁止乱伦这类法令的接受，人们实现这种内化。所以在父 - 母 - 孩子的三角关系中存在混乱，爱在这三者之间没有很好地流转。

我们更强调父亲的缺失，父亲可能不在场，也可能母亲没有让父亲的职能被承认。我们很少描述父亲缺失产生的效应，只是总结说，处于自愿或迫于无奈，父亲把孩子留给了母亲。可这样做的后果会是怎样的？

母亲无法在支持父亲的同时与孩子保持良好的距离。这会表现在一些具体的行为上，例如接受孩子和自己睡，而原因则是心理上的，母亲"过于爱"自己的孩子——或者她想要放弃孩子，但孩子"太爱她"，或者说孩子生活的目标就是要满足母亲。

没有父亲或父亲角色构成的三角关系，孩子会像婴儿一样沉浸在对母亲渴望的想象中。她想要什么？孩子继续和母亲融合，想要处处满足她。这是不可能完成的任务，孩子注定只会遭遇失败，从中获得一种无力感。于是他觉得自己是母亲的一切，自己又什么都不是。同时，他又觉得母亲的这种苛刻让自己专横武断，母亲将自己围困起来了。

青春期时，任何对母亲的接近和服从都有补充意义、性的意味，这是因为俄狄浦斯欲望再现。这就是为什么一些咒骂其实都是来自于投射机制，比如"操你妈！"，我们在骂别人时其实想实现自己潜意识中的愿望。青少年要对想象中母亲遇到的危险做出反应，有时他们找不到暴力之外的其他方式：对母亲表现出攻击性，有时候会打她，以这种方式保护自己——其实潜意识里是想要满足和母亲身体接触的渴望。

还有一种方法是逃避：流浪，寻找其他联结，例如在某个有领袖领导的群体中，或是在一段显得艰难的感情关系中。他们会保持警惕。

青少年的悖论

青少年会有一种奇怪的悖论，这是一种菲利普·贾迈（Philippe Jeammet）[①] 所描述的双向联结。青少年越是感觉空虚，就越会转向爱的对象。他们会转向一个完美的可追随对象，可能是政治人物，也可能是美学或道德偶像；一个令人快乐的渴望对象，青少年需要这些获得自恋构建。可惜的是这些爱的客体同时也构成很大的危险，因为在他们身边，青少年会觉得自己什么都不是。他们所渴望的人同时也是威胁他们的人，唤醒他们身上最原始的幻想：他们可能会

---

① 菲利普·贾迈（Philippe Jeammet），《为了我们的青少年，我们要成为成年人》（*Pour nos ados, soyons adultes*），Odile Jacob, 2008.

被入侵，被剥夺自我。他们因而会害怕自己的欲望。菲利普·贾迈（Philippe Jeammet）写道：

这种情况可能会让青少年感觉到一种真正的矛盾，会成为他们自主性的自恋威胁，甚至会威胁他们的身份，身份与自我欲望的强度和对爱的客体的期待相连。其中有一些无解的，难以想象的，呈悖论的东西。或者说是一些虚假的矛盾。因为这中间的一些说法并不属于同意逻辑层面。成年人知道，在接受爱的对象的给养的过程中，青少年越来越脱离对爱的对象的依赖。然而青少年所经历的，在于他们所需要的客体是一个威胁。在我看来，这是一个触发防御的决定因素，主体想通过这样做来用行为控制一个他们无法在心理上内化的空间[①]。

主观性缺失

犯罪的青少年没办法自我构建成独立的主体，无法为自己的行为负责，他们一直都是"某种东西"。没有存在感，什么都不想渴望，无聊厌倦的情绪由此而来……从这时起，他们也会把他人看成"东西"：他们不是另一个我，他们不会对我有同理心。我们完全看不到他者言行对他们产生的效果。因此，我们会联想到前文提到的肛欲期的孩子。

---

① 菲利普·贾迈（Philippe Jeammet），《青春期精神分析疗法的特征》（Spécificités de la psychothérapie psychanalytique à l'adolescence），《精神疗法》（Psychothérapies），vol. 22, 2002/2.

这种主观性缺失使得青少年犯罪者受全能欲望支配，所有人在小时候都经历过这种欲望。同时，青少年犯罪者还会觉得没有存在感，或者感觉到低人一等。别人的一个眼神就可能伤了他们的自尊，让他们想要反抗。

他们的欲望没有内在的生命力，无法将爱的对象转化，必须立刻被满足。他们是"短链循环"和冲动的拥护者。行为代替了思想，给予他们存在感，让他们产生了一种受虐－施虐癖的想法：他人痛苦，所以我存在。

这种立即触发中，超我和理想自我处于原始性中，愉悦的愿望没有获得俄狄浦斯转化，仍保持原始状态。

如何应对？

我们说过，父母很难弥补已经过去的时间。而寻找解决途径则要在家庭中完成。

组织心理疗法专题研讨会并不合适，也常常没有效果：青少年内在心理缺失对此无益。若心理疗法医师建立了移情，青少年还会将心理医师变成自己的精神领袖，对其完全依赖，而这是危险的。

所以最好采取更加实际的措施，建立多个交谈者、多种活动、多个参照环境，青少年因而可以在其中表达自己的多元倾注和依恋，我们希望他能从中获得和某个人（或某些人）的"倾诉"联结，也就是说在面对他（们）时，自尊得以建构。此后，青少年可以从行动转向语言；对于某人建立自己的存在感后，他们就可以发展内在生活了。

23

爱的抛弃

分手的原因 - 分手的冲击 - 还爱着却被抛弃 - 在情欲中
被抛弃 - 恨，避免哀悼的方法 - 如何应对？

如今，45% 的伴侣会在结合后九年分开。法国 2780 万纳税家庭中，三分之一家庭只由一个人构成。这些数据表明，任何一对夫妇都有分开的可能和危险。

这算是危险还算是可能性：如今，有一些说法倾向于认为"爱只能持续三年"，就像某位小说家所声明的那样……如果你们的关系超过了三年时间，那就要小心了！你们可能患上了严重的"规范病"（normose①）！伴侣可能经历一个周期：倾心的喜悦一旦消散，为什么要再继续呢？这些伴侣之所以维持着联结，只是因为害怕孤独，缺乏探索生活的勇气，仅此而已！同其他事务一样，伴侣问题可以被谈判，并在时机成熟时完成。这种对爱情的否认态度来自于心理防御机制，可以在面对可能、甚至是不可避免的痛苦时给人们带来

---

① normose 是一个由心理分析学家新创造的词，指的是因为过分遵守正常社会标准规范（norme）而无法表达个人主观性的慢性病。——译者注

安慰。我们只有在恋爱时才会如此地脆弱、敏感。这一犬儒般防御的极致或是症状便是离婚派对（divorce party），如今一些媒体对此过分宣扬。离婚派对会邀请朋友、伙伴，这也是一种恢复自己女孩或男孩生活的方式，派对的最高潮则是邀请了前任！

分手的原因

一些伴侣会奉行一种非此即彼的爱。双方相爱的模式是占有模式，以至于对方的陪伴和爱从来都不够。这也是有原因的，我们来思考一下：如果对方忽视我们，回家很晚，这一定不会是工作的原因。不用从别处找原因……他／她一定是有外遇了！我们会激烈地质问："告诉我就是这个原因！"之后，伴侣会将自己封闭起来，回避躲闪：他／她想要拒绝争吵。但这些行为只能证明他／她的害怕，争吵加剧，还有随之而来地指责，哭泣……而关系的恢复则是最好的结果：我们像最初时那样相爱，强烈的爱。周而复始。

可有时，橡皮筋会崩裂。但也不总是如此：一些夫妇可以长久地生活在一起，不觉得乏味（羡煞旁人！）。

我们知道，不忠是分手的最重要原因之一。嫉妒则会由实际或猜想的怀疑所引发。一些伴侣关系的存续一定需要一个真实存在或是猜测的第三者。伴侣中一方（或双方）仍处于俄狄浦斯期：他／她需要将爱人和另一个人相联结，从而在潜意识中建构一个同父母关系相似的伴侣模式。这就像是童年时一样，他们感觉不到什么。但哭泣、谴责、侮辱、殴打也随之而来……同时，那个假定的出轨方可以因此获得情人的潜意识期待：要想被渴望，被真正地渴望，就要让自己和一个第三者相联系……最终，这就会给他／她带来灵感！妒忌变为不忠……有时，这一俄狄浦斯剧情会以三人构成的情侣关系而得到巩固，变得真实。一些微小的反常游戏也会因此展开。

　　夫妻间的不和有时会有其他原因，也是分手的根源。最常见的原因是双方发展的分歧。这也通常与他们的职业和社会轨迹相联系。不和谐也会源自于孩子的出生。兴趣逐渐产生分歧，对于生活的观点也不一样。他们中的一个不再爱了，觉得自己贬值。伴侣还可以各顾各地继续生活在一起。但被抛弃的一方会侵略性地要求被爱——直到分开。

　　还有些时候，爱像来临时那样离开。伴侣感到厌烦，欲望熄灭。如果欲望没有被温情取代，习惯和兴趣不足以维系情感，伴侣就会在友好协商后分开。

分手的冲击

　　对于被抛弃的一方，我们可以在爱情联结的破裂中找到三个时间段。分手越是出其不意，就越难被人相信：这是否认的时刻。现实不再显得真实，它开始摇摆：这不可能！爱人可能会重复说：都结束了，我们听到了这些话语却并不能理解。他／她根本不知道自己讲的是什么，他／她还会回来的！

　　可是，时间流逝，爱人似乎并没有一点变化。没有恋人的陪伴，他／她似乎还是幸福的。要让自己认清事实：这就到了第二阶段，缺失、抑郁的阶段。

　　当然还要有自我重建的那一天，在此期间同样会对过去进行重新估值：这份爱究竟是什么？我们于是发现，自从第一次相遇起，剧情就确定了，我们依赖的是某些熟悉的幻觉……最好的情况是我们爱的方式发生了变形。可当我们重新审视经历的恋爱关系，我们会惊讶于它们的重复之处，我们于是重新回到了童年最初的兴奋……所以，分手成了一场考验，我们在经历过之后就得到了成长、改变、成熟。

　　对于抛弃的那一方，让自己的人生伴侣消失也同样会带来负罪感。这象征着一种排斥。可是，面对并不想听你说话的对话者，平静地说出："抱歉，我不再爱你了"，这并不是个好方法。所以要强化口气，心理防御机制会帮助我们：更舒适的做法是将负罪感反转，把错误投射给伴侣：人们于是有理由相信自己不能再忍受这段关系！我们错了：为了不示弱而变得冷酷……其实，我们还在以某种方式爱着离开的那个人。证据或者说是矛盾便是：当分手完成后，我们会觉得自己被离开的那个人抛弃了。所以要像曾经的伴侣那样，进行哀悼，重新评估自己爱的方式——除非投入一段新的感情中麻痹自己，但这也不过是个新的重复……

　　还有时，哀悼会显得很难，甚至不可能。这就是为什么有些男性会去咨询心理分析师。这段被视为让我们走出童年神经官能症的爱情让我们重新陷了进去，我们无法摆脱……我们于是准备好放弃任何恋爱关系，禁欲或者是重复短暂无果的恋情。

还爱着却被抛弃

哀悼，可哀悼什么？丢掉的是什么？

让我们再以自己的方式解读弗洛伊德对爱的表述：我们把自己的愿景放置在对方身上，多亏了对方，我们觉得自己发现了新世界。换句话说，我们把自己的一部分理想自我和自恋欲投射给了对方。而分手后，我们就被剥夺了被投射在对方身上的那部分自我（就像是放在内心证券所里的一笔投资）。随之而来的抑郁情感也在于此：失去了爱的对象，我们就失去了自己最好的那部分。戏剧般的对白"没有你，我是不完整的！"，这其实有真实的心理依据。

我们对此进行哀悼的方式取决于曾经的哀悼方式。第一次哀悼是俄狄浦斯哀悼。在五岁左右时，我们爱的是自己的父亲或者母亲①。所以要哀悼这第一场伟大的爱恋，我们多少能比较好地摆脱。如果压抑自己，不解决俄狄浦斯欲望及其带来的伤害，现在的分别就可能成为俄狄浦斯分别的重复：曾经的情感和想法会卷土重来。如果我们的家长没有用爱爱我们，是因为我们同竞争者（父亲、母亲）相比太小了，还不完美，什么都不是。可成年以后，同样的贬值又回来了，这次就没有任何希望了。当自己还是孩子时，我们能期待着长大后情况会改善。小女孩常常要等待很久，她们的父亲才会改变主意，这就是为什么她们要让自己变得漂亮、有知识、灵巧……可对于成年人来说，一切都无法改变了：现在的分别证明了自己无

---

① 更简单地说：我们每个人都同样经历过"俄狄浦斯倒逆"，也就是说我们期待和同性家长拥有恋爱关系。

法被爱，这将我们推到了放弃的境地……剩下的还有最后一种尝试：抑郁，这也是维持恋爱对象的方式：当我们为失去他/她而哭泣时，他/她就还存在着，即使爱的状态已死。一种特殊的快感似乎从抑郁独有的心理冰期中渗透出来。为了停止抑郁，就要抛弃已死的爱的对象……

在情欲中被抛弃

如果处在爱情之中，我们可以排除这种情况。如果处于情欲之中（在本书第一章已经做出了区别），落差就更为深刻，这不仅仅是爱的对象的丢失，还丢失了与他人建立联结的能力。在爱之中，被抛弃者保存了选择另一个爱的对象的能力。但情欲中的人会经历更为激烈地坍塌。

在情欲之中，二个人变成了一个人，我们成就了再次构建原生统一体的奇迹，这也会让我们想到母亲和婴儿被混淆为同一体，从出生后到断奶期，甚至是从出生前开始。情欲关系让人想到母婴关系，两者中的每一个都要交替扮演两个角色。

情欲中的情人们仅靠一个胜利的手势就消除了区别自我与他者的艰难过程。这一过程需要孩子和母亲用很多年时间才能完成。被爱的人能在自己身体中感受到爱人的体验，他们几乎可以心灵感应。而分离则引发了撕扯，从融合到乌有。我们发现自己无法获得客体关系；没有能力同他者构建联系，因为不再有他者。能建立的只是一个联合体，我们可以将之看作是和另一个自己建立的联合体。由此而言，情欲期就像是狂躁症发作，一切失去都会被否认，尤其是当这种失去会区别他人和自己时——他者和自己完全不同，我们知道对方的一部分永远不会被融合。

情欲和偏执狂躁

偏执狂躁状态、偏执狂躁发作通常被定义为情绪错乱。原因可能是生理的、也可能是心理的，或者两者都有。我们会按照保罗 - 劳伦·阿苏（Paul-Laurent Assoun[①]）的描述，其中的很多观点也适用于情欲阶段。

偏执狂躁者表现出疯狂的喜悦：绝对的兴奋，狂暴的情感，幸福没有尽头，他们体验到凯旋的感觉。

他们对整个世界感兴趣，准备好征服世界。他们可以依靠自己的狂妄自大（没什么能抵挡他们）和漫溢的能量（躁动不安）应付这一切。

他们的爱无穷无尽，他们爱万物，爱所有人。

他们能量漫溢，觉得自己为一切做好了准备，有能力完成一切。此外，他们会用行动证实这些……

他们的自我是巨大的，他们觉得自己伟大而崇高，这就是为什么他们会觉得自己经历了世间的幸福，经历了绝对的幸福。

---

① 保罗－劳伦·阿苏（Paul-Laurent Assoun），《狂躁之谜——邮差薛瓦勒的激情》(*L'nigme de la manie. La passion du facteur Cheval*)，Arkhê, 2010.

不幸的是，偏执狂躁症之后会忧郁发作，完全与之前的状态相反。他们可能会问，兴奋的时刻什么时候会再回来：重要的是获得狂热……这里所说的就是循环或两极疯狂。

当我们陷入激情、热恋、一见钟情，那是因为我们对这些有特殊的敏感性。没有激情，我们会觉得世界已亡。我们无法再获得让自己能够充分生活的想法、行为或人。透过封闭我们的玻璃，我们所看到的东西并没有真实的质地，还不至于触发我们真实的欲望。渴望一切，但我们却一无所有。

如何理解这种状态？

心理分析师也会在此介入，说出一些并不让人愉悦的话，我们很快就会不相信了：他们总是进行方案预测！而且内容也总是一样的。我们无法接受这种自恋伤害：我们是不同的，独一无二的……但我们还是会听听心理师说什么：同母亲的分化还有一部分没有完成。我们重点某个部分还处于拒绝失去的状态。我们不知道怎么说，某种无名的东西完全占据了我们。可以说，我们保留了一些粘连；对童年天堂的怀念。在情感交锋的冲撞中，我们一直倒退到了童年时光。正如法国诗人阿蒂尔·兰波（Arthur Rimbaud）所说的：

终于找到了！／什么？／永恒！水火终于再次相融：那是沧海／融入太阳！

我们因抑郁而痛苦，一切都提早丢失了，我们于是享受这种类似偏执狂躁症发作的状态。

抛弃也会是一个时机，重新诱发没有在幼年时完结的抑郁。根据梅兰妮·克莱恩的描述，我们把这种状况称为"从类妄想狂身份到抑郁身份的过渡"。

我们再次指出，出生时，孩子是双面的（甚至更多面！），他们不被看作是一个完全区别于他者的个体，他们的自我还没有构建。用我们的话说，他们处于"好"的世界，或者更确切地说"一切都围绕在左右"。他们享受着无区别的美好状态，也就是梅兰妮·克莱恩所说的"好的乳房"，孩子会呼唤母亲，知道自己的身体还完全和母亲的身体相交错。因此，弗朗索瓦兹·多尔多发现，在婴儿的想象中，食物就是具有"菲勒斯－乳房"的母亲，"菲勒斯-乳房"进入身体内部，母亲从肛门吃东西。因此婴儿和母亲就像是两个封闭在对方中的环扣。是两个并没有与对方相互区别的客体的联合。整体上说，被我定性为乱伦的（在书的第一部分），包括与母亲无区分，混合——因为这种幼儿的无分化会在之后造成性乱伦。

有时，饥饿的婴儿没有马上获得回应，不同的痛苦、悲伤让他们想要啃咬。婴儿于是跌落到另一个世界中，会狂怒和毁坏，他们用自己的方式攻击"坏的乳房""坏的母亲"。这很正常，因为她让孩子不舒服……婴儿已经开始了投射心理防御机制，他们将自己的冲动赋予他人。所以威胁就不再来源于自我，而是来源于外界。简而言之，他们有些偏执妄想，类妄想。而且这种情况会保持下去：

发出攻击时，他们总说这是为了自我防御……

好在当我们完全忘记了坏，完美的好时光会再次回来。两种情形会交替出现，我们说会有分裂。情欲中的情人们会重新体验这一世界中的某些东西，尤其是在绝对爱慕与彻底憎恨之间摇摆时。

恨，避免哀悼的方法

对于弗洛伊德来说，爱总是以多多少少被抑制的恨[①]作为终点。因此，我们可以说，爱的走向取决于我们对恨的管理。这个恨源自于爱。理想化机制是如何的？我们说过，我们会赋予爱的对象所有的优点。换句话说，我们将其看作是自己最好的部分，是自己的理想自我，是自己的自恋欲……以至于面对对方，我们几乎无足轻重。我们只能信赖对方，祈祷对方爱我们……这一屈服也并非毫无怨言。伴侣之间的失衡便可以使其产生改变：被压抑的恨从而爆发。

分离得到确认后，就是幻灭期。我们会重新审视爱的对象，对方暴露出很多缺点，还做了很多我们之前没发现的卑劣的事。有时候，我们会停留在怨恨而非遗忘之中。

---

① 这里说的"恨"指的是和"爱"相反的情感。不同方式的恼火、攻击在此被理解为恨的行动——还有有意识地想要摧毁对方的愿望。

爱是永恒的

爱是永恒的：在热恋初期，谁会对此产生怀疑？快乐如此强烈，我们当然希望它不要终止。这就能让我们如此强烈、肯定地将爱和永恒相联系？

在基督教语境下，既然我们能在死后重逢，爱就能成为永恒。所以要忠贞，在生命中只拥有一份爱，否则一旦升入天堂，就会进入没完没了的通俗喜剧之中，因为我们认为在天堂里一夫多妻或一妻多夫是被禁止的。伊斯兰教的天堂就不会有这种问题——至少对于男性来说。但在我们的非宗教语境中，永恒被缩减为现世生活，爱的对象一般是指婚姻伴侣，但这段时间也已经很长了！

但爱的永恒或许并不发生在时间之中，而是发生在现在的永恒中，在时间之外。或者是我们经历第一份爱的时候：当时有我们的母亲和我们，我们不会认为这种状态会停止。

被爱幻觉，这种爱的疾病也以恨作为终结，它可以帮助我们理解在爱的最后发生了什么。开始时，被爱幻觉构成了一种确定性："他/她爱我。"被爱幻觉常常发生在女性身上 ①。热恋的对象常常具有光环（名气、财富、权利……），以妄想症的形式解释了一系列的征兆。

———————————

① 患被爱幻觉症的女性是男性的三倍。

例如：如果对方不关注自己，只是因为对方太爱自己了；对方说喜欢花，那是因为自己的名字里与花相关的字。当事人首先想到的是自己被爱，而不是自己是爱的发出者。

在正常的爱中，会有一段时间与此类似。如果我们要求爱的证据，那是因为我们并不确定对方的情感。这也就证明了这种感觉只会成为某种信仰。被爱幻想症患者和正常人的区别在于，被爱幻想症患者处于荒唐地坚信之中，而正常人总会有所怀疑（除非是某些个人情况），他们会认为对方身上总有一部分成谜。

被爱幻想症患者则认为这是一段充满希望的时期，他们会想办法让爱的对象适应自己的爱。而爱的对象会感觉自己被骚扰……期待会持续很长时间，但幻灭逐渐形成，之后便是愤恨。抑郁、积怨都会让他们自我防御，爱转化为了恨。爱的对象成了要被爱幻想症患者防御的迫害者。

开始时，被爱幻想症患者会将自己的爱投射给受害者，这使他们看到自己被爱的愿望得以实现。他们成了另一个心理防御机制的对象，在事情显得无理时对方会表现出震惊，这也是反向防御机制。潜意识忽视了逻辑的法则。只要通过幻想就可以知道了……一些情感逻辑几乎都不合理：在怨恨中，同客体保持的联系是强烈的。这其实是用其他方式表现的爱的延续。

分离的伴侣有时会掉入这一陷阱之中：他们对对方怀有无尽的怨恨。我们从中可以看到对抑郁和失去爱的对象的防御。

被爱幻想症患者，无论男女，都会变得危险，想通过谋杀的方式与自己因爱生恨的那个人相结合。我们在此可以看到一种等同于性关系的潜意识关系。好在被爱幻想症患者同分手的伴侣差不多，不是都会走这个极端。

如何应对？

分手所带来的危险常常在于其无休止性。我们看到的陷入抑郁或怨恨是两种延续逝去关系的模态。

目的是要丢弃逝去的爱的对象。这确实说起来容易做起来难！这就是为什么走不出失恋的人会选择去接受心理疗法或心理分析。治疗可以重新回顾儿时的分离，使其变得不那么痛苦，从而重新找到生活和爱的欲望。

24

疾病的考验

心灵还是身体？－自闭症的战役：基因还是爱？－心身
医学－器官神经官能症－想象的疾病－现实神经官能症－
器官疾病和爱自己－疾病是考验

人们曾经想要相信身体和心灵之间的简单因果关系，而这与其
说是合理的事实，倒不如说是神话传说。同样地，如果按照圣经中
神的意志，任何事物的存在都是简单与独特的，按照基因的排序，
一切都已经注定，这也相当于是神话传说。头脑会做出回应，发出
指挥，大脑或许就是心灵。这就是宗教在科学中的简单移位……

心灵还是身体？

对大脑更好地了解使得研究人员指出了大脑"后成^①"的现实；
也就是说，我们的成长由我们的每一个行动，同环境的互动构建，

---

　　① 后成："胚胎发展的部分现象，不来自于基因规划，而是源于其他因素，
例如一个组织对另一个组织的作用。"（《拉鲁斯词典》）

它会改变我们的器官。我们可以说：就像是肌肉会根据我们的动作发生改变。同样的，如今我们认为，根据身体的经历，身体与环境的关系，基因可能会显露也可能不会。也就是说，科学正在拒绝"宿命理论"，就像人们之前说的"书里是这么写的"，或者：基因或圣经里这么规定。我们可以从中推导出：没有后天经验，先天不会显现，后天在先天的基础上构成。这也是哲学上的老生常谈。

同样的，如今似乎很难把身体和心理相分离。大脑图像向我们证实：兴奋一定会伴随大脑的表现，而大脑的活动一定会引发有意识或无意识的心理活动。这就使我们再次面对了鸡生蛋蛋生鸡的难题……

但这些来源已久的争论与斗争还会继续下去。而科学也会遭遇原教旨主义者，自闭症的战役就是个很好的例子。

自闭症的战役：基因还是爱？

对于自闭症的诊断是非常艰难的。其波及范围也在延伸扩大。随着时间的推移，自闭症的定义也被扩充。狭义上讲，自闭症曾被认为与广泛性发育障碍（PDD）有关。国际疾病伤害及死因分类标准（ICD）对自闭症的定义如下："自闭症的一系列障碍会对言语性和非言语性的交流以及社会互动产生显著的影响，患者的特点是好进行同样的兴趣爱好、进行重复行为和刻板运动。"最近，这一病理家族的范围又扩大了：从今以后，我们谈论的是自闭症谱系障碍。根据精神疾病诊断与统计手册（DSM），只要辨别出交流和社会互动紊乱，兴趣狭隘便可以做出诊断。这就使得患者数据猛增：曾经的自闭症案例为万分之一，现在的数据是法国每150人中就有一位自闭症患者，美国每88人中有一位[①]！没有任何一种疾病像自闭症这样如此频繁地变更定义！这可能是因为这是一种病因无法被定义的疾病，是因各个自闭症患者而异的一系列症状，所以原因也是多种多样的。

正是在这样一个模糊、让人不知所措、让患病儿童家长发疯[②]的背景下，人们开始了对抗自闭症的战役。

长时间以来，心理分析就开始关注自闭症发病原因和成年／儿童患者的心理维度。一些患儿家长联合会对此不满：心理分析师说他们不爱自己的孩子，不为自己传承了假定的"缺陷"基因而自责，拒绝承认他们的无意识（因为我们无法掌控自己的基因）促成了自闭症的形成。

医生们宣称自己依据的是真正的科学，他们声明自闭症来源于基因，证据是这种说法是科学公认的。似乎我们不能领会一个公认的错误……人们猜测自闭紊乱的病因牵连至少76个位点[③]，26个基因和9个尖脉冲，这就使研究变得很复杂。现在还没有得到任何证实，究竟是神经科学还是神经科学论？未来的研究会告诉我们答案。

---

① 贝尔纳·高尔斯（Bernard Golse），《我为自闭症儿童而战》（*Mon combat pour les enfants autistes*），Odile Jacob, 2013.

② 卡特琳娜·瓦尼尔与贝尔纳戴特·科斯达－普哈德合（Catherine Vanier, en collaboration avec Bernadette Costa-Prades），《自闭症：如何让父母发疯！》（*Autisme : comment rendre les parents fous !*），Albin Michel, 2014.

③ 染色体上一个基因或者标记的位置。

自从龙勃罗梭（Lombroso[①]）及其天生犯罪人理论受质疑后，我们数不清又有多少科学预测垮了台。按理说，我们可以假设自闭症的症状是遗传、生物和心理因素的混杂交互作用。

当研究走出意识形态

遗传学家阿诺德·穆尼诗（Arnold Munnich）找到了有机遗传原因，27%的人都表现出自闭紊乱。在他的团队进行的研究中，54%患者的大脑核磁共振异常，46%正常……在奈科尔（Necker）儿童医院中，阿诺德·穆尼诗克服了反对意见，与精神分析学家一起研究。他说："我们要一起工作，互相信任，互相尊重。这是个了不起的试验，对于孩子和他们的家庭来说是一个真正的福音。"

2013年，玛丽-阿尔莱特·卡洛缇（Marie-Arlette Carlotti）作为法国社会事务与卫生部委派部长（她的名字值得载入史册！）以医疗工作者身份结束了这一争论。她是如何依靠自己的人力资源管理背景开出医学处方的呢？她说：阿司匹林是好的，但是要禁止扑

---

① 龙勃罗梭（1836—1909），意大利犯罪学家、精神病学家，刑事人类学派的创始人。重视对犯罪人的病理解剖的研究，注重犯罪的遗传等先天因素，从种族和遗传这两方面展开。其关于种族和犯罪之间关系的论述则建立在对一些犯罪现象直观地认识基础上，没有直接的科学依据。认为罪犯的生理、精神特征均有共性，却忽略了后天因素对罪犯的影响。龙勃罗梭的天生犯罪人理论一经传播，马上遭到来自各方面的抨击。——译者注

热息痛……我们于是想问她这么说的理由是什么！然而，在精神病学领域，她却可以做出裁定，她也已经决定要禁止 le packing^① 疗法，结束对于所有心理疗法机构的资助！

然而，即使自闭症的病因完全是遗传性的，也要从心理学的角度关注每个病人的成长和特殊性。而刚才提到的那位女部长吹捧的则是结构化训练法（TEACCH）和语言行为干预（Verbal Behavior Intervention, ABA）之类的行为再教育。依仗"真正科学"的进步却又不同意退回到 20 世纪巴甫洛夫（Pavlov）和沃森（Watson）所定义的条件反射方法。而他们的目标是用威胁、惩罚和奖励强化反射的学习。这也是很久以前的教育方式了……

心身医学^②

理智的研究者和（心理）医生都认同的一种说法是：将器官疾病的病因归为心理问题是荒谬的，将任何心理疾病的原因全归为身体或基因的问题也同样荒谬。

心身医学正是建立在这些交互影响的基础上。简要地讲，我们可以说，在身心疾病的案例中，一部分的力比多无法成为心理规划

---

① Le packing 是一种治疗方法，目的是给予患有分裂恐慌（angoisse de morcellement）的人一个"容器"。这一容器有身体意义，用潮湿的床单紧紧地包围患者身体，逐渐加热，这一容器也有心理意义，要有人在病人周围用语言介入治疗。仅仅靠床单是不够的！

② 心身医学指研究心身疾病（简称心身症），即"心理生理疾患"的病因、病理、临床表现，诊治和预防的学科。——译者注

的对象：主体什么都感觉不到，没有任何幻想。未能在心理上疏散的能量只能从身体上排出，于是就产生了器官病症。我们从中可以推论出哭泣、苦恼都是健康必须的！如果一切顺心，我们只会用微笑面对恬静的幸福，一旦遇到不同的情况，就很令人担忧了。婴儿出生后的几个月，不具备语言能力，他们的运行机制是相同的，我们知道婴儿的身体会通过呕吐、腹泻、失眠来传达信息，而原因常常来自于心理和人际关系。

心身医学也与母婴间爱的关系有关。这就是为什么一些医生会采取唐纳德·W.温尼科特的抱持（Holding）方法。要做的是给予患者一个好妈妈的等同物，接纳、支持患者，从而让患者构建其匮乏的自恋欲，抛弃其抵御焦虑的必须机制，这些焦虑与同母亲的最初关系相联系，母亲使孩子躯体化。

因爱而亡

从前，人们怀有感情时，可能会因爱而亡。这是精神力量作用于身体的好例子。十九世纪是神经衰弱的"黄金年代"，神经衰弱在当时被认为：病人对生活失去兴趣，陷入萎靡不振，死于衰竭。

如今，人们更加勇敢了。互联网和杂志为我们介绍如何在恋情结束后做出反应：两天抗争、两天哭泣，再进行一些恢复练习，之后就可以重返爱情市场了！人们相信这种说法。

美国医生宜兰·韦特施泰因（Ilan Wittstein）最近写了《心碎综合征》。疑似梗死却又缺乏相关症状的案例引起了韦特施泰因的注意，他描述了这一过程：经历了精神痛苦之后，当事人陷入悲伤的大脑促使肾上腺释放肾上腺素……有时会释放过多肾上腺素。血管极度收缩，心脏加速也不起作用，最终会麻痹、停止跳动。

这一现象最早由日本医生发现，并将其称为 Tako-tsubo 综合征，该疾病左心室造影示底部圆形颈部细窄，很像日本人用来捕捞章鱼的罐子，因此被命名为 Tako-Tsubo 综合征。

如果医生及时介入，病人就不会留下后遗症。

器官神经官能症

器官似乎也有性感知，就像生殖器官和乳头一样。它们具有力比多，会勃起、肿胀。运动员们对此一定有所了解。

因此就会有心脏神经官能症，心脏会发出投降信号，而医生却不能识破器官发病的原因；肠道紊乱是"原发的"，就像有原发精神病一样，也就是说发病本质未知；胃神经官能症中，酸的比率反复无常；还有一些哮喘的发病也更多是因为焦虑而非过敏。

想象的疾病

疑病症并不是心身医学障碍，也没有被严格地鉴别，因为我们发现在众多情况下都会表现出疑病症的症状：很多神经官能症和精神病都会有身体上的焦虑，很多器官疾病也会伴随着与疑病症相关的担忧，年老似乎也会是诱因。

疑病症患者忍受着难以用疾病术语解释、医生无法治疗、心理疗法医师无法缓解的身体痛苦。他们还以让医生受挫为乐。他们觉得自己无法被医学知识战胜！

同样的，疑病症患者也是精神分析学家的难题。他们很难进入心理迁移，停留在当前的不适之中。然而，我们对此要从原初自恋紊乱中寻找根源。也就是说，幼儿时同母亲的关系没有使他们的"儿童生命冲动"得到发展。原初自恋 ① 可以被比作元气上升的运动。我们因而能知道它的力量：一个推进就可以打破水泥板。孩子从出生后的几个月，甚至从母亲怀孕时开始就会继承母亲的痛苦。我们可以说，从某种角度来说，孩子并没有完全走出这种痛苦。

弗朗索瓦·佩里耶（François Perrier[②]）在一次疑病症治疗中这样描述："病人来找我们，但他将痛苦的母亲投射在自己身上。"病人的行为举止表现得像是一位怀孕的痛苦母亲。也就是说，他将自己与母亲的痛苦相认同，将自己的存在置于其中，我们无法将其

---

① 在第一章中进行过介绍。
② 弗朗索瓦·佩里耶（François Perrier），《疑病症精神分析》（*Psychanalyse de l'hypocondrie*），1978, 第二版 , 1994.

根除，它会抗拒任何治疗企图。病人的母亲是忧郁的，苦于无法怀有渴望，无法让孩子将父亲视为对手、认同和渴望的对象。他停留在母亲的孕期。其发展的通道在于"从中脱离"，不再将自己定位为母亲的欲望。

危险的健康

　　法国剧作家于勒·罗曼（Jules Romains）曾说过："健康是一种不稳定的状态，让人预测的从不是好兆头。"这话给了疑病症一个解释。

现实神经官能症

　　对于弗洛伊德来说，疑病症、神经衰弱和焦虑性神经官能症属于他所描述的三类现实神经官能症之一。弗洛伊德将神经官能症和转移性神经症相对立，转移性神经症与幼儿期的问题相关联。现实神经官能症的起源则要从当前寻找。这一类问题总是和当前相关：失去热情，之前提到过的器官神经症就是一个例子。

　　如今我们不再谈论神经衰弱。曾经的神经衰弱就对应着我们今天所说的抑郁。神经衰弱在十九世纪初被定义，其表现为我们如今与抑郁症相关联的器官不适：缺少能量，迟钝，缺少活力，有时甚至会导致死亡……一些神经科医生将原因归为科技进步：那还只是火车旅行的开始……到了十九世纪末，精神分析法证明这些身体紊乱的精神原因与性挫折有关。好的训练会使得症状在几周后消失。我们明白依靠一些处方，当时的精神分析学家被视为色情狂……此外，"弗洛伊德（freud）"这个词在德语里不就是有"快乐，喜悦"的意思么？

只需十五天就会被纳入抑郁症之列

1952 年，精神疾病诊断与统计手册（DSM）由美国精神病学协会创立。它穿越了大西洋，虽然收到了越来越多的批判，但至今仍被视为精神病学家的《圣经》。原因很简单：所有的病症被汇总，排除了将疾病分类的企图，给症状设想了生物学起源，这样每个病理都会有一个对应的药物。调查后，医生同病人填写的问卷结果已经给医生规定了他该开的药方。

精神疾病诊断与统计手册（DSM）有好几个版本，二十世纪七十年代的版本中收录的焦虑症状最少。在这一时代，药剂学实验室研制出镇静剂。之后，焦虑恐慌的人就变成了抑郁的人。因为人们当时又研制出了抗抑郁的药。如今，两极分化很严重。我们无法阻止实验室的进步：它们总是在发明新的分子，因为十年之后，它们就会被降为一般药物。

然而，最新版本的精神疾病诊断与统计手册（DSM）还预测着抗抑郁药物的光明未来。在第四版本中，忧伤持续两个月会被列为抑郁。而在 2013 年出版的第五个版本中，只要十五天就会被认为是抑郁。

同一治疗方式的应用减弱了焦虑性神经官能症的症状：爱可以使出汗、心悸、噩梦、腹泻、尿频消失！在我们这个似乎是性放纵的时代，我们本不该患有这些紊乱……

器官疾病和爱自己

一些器官病症不仅会扰乱我们与周围的关系，还会损害我们对自己身体的认知。医学会医治器官。近期，医学开始从整体出发，照顾病人。然而，医生们很清楚康复更多地取决于我们用极为概括的方式提出的"生的欲望"。对于同样的疾病，症状也一定因人而异，具体会涉及身体运转，同家人的联结，心理倾注等。

但病人首先面临的是与身体之间的关系被扰乱和改变。也就是说，主观上看，我们的身体不再是器官的整体。而身体构成了我们的大部分身份，是我们幻想和理想的以及一部分愉悦地支撑。透过身体，我们才具有存在感。而疾病越严重，我们的身体形象就越会受损，自恋欲也一样。我们不再爱自己。

身体的无意识形象

为了能够理解孩子的精神分析，弗朗索瓦兹·多尔多决定制定身体无意识形象的概念。

一切都开始于孩子在治疗期间画的画。多尔多被这些充满幻想的图画吸引，有些画缺少下半身，有些画全部被嘴占据，还有一些表现的是孩子和母亲的身体相融合……多尔多于是明白，孩子们表现的是他们自己，表现他们在想象却又真实的身体中的感受。

多尔多说，这个身体在与他人的关系中得到构建，欲望和愉悦的关系也记录在其中。例如，在肛欲期，身体围绕着嘴，消化道展开，之后是肛门——它们不是被看作是器官，而是与母亲（所有扮演母性角色的人）关系的愉悦、满足和不满足的发生地。弗朗索瓦兹·多尔多认为身体从母亲怀孕时开始就被构建。

这一形象是无意识的，因为它先于语言存在，在语言出现、心理发展后，它就会被抑制。然而，就像我们所知道的那样，被抑制的东西仍然继续存在。

弗朗索瓦兹·多尔多区别了身体形象的三个层次。她将第一层定性为"基础形象"。这是一种安全的形象，靠与他人的和谐关系得来，最早是与母亲的关系。多尔多也谈论到嗅觉形象、视觉形象、口唇形象（出生后便发展了）、呼吸形象、肛门形象、生殖形象……这些形象在主体与他人的快乐关系中构建。不同质量的基础形象会给予孩子多多少少强烈的存在感；多尔多认为基础形象还会保证"存在的同一性（mêmeté d'être）"。

第二层是"官能形象"，表现为身体寻找快感的原动力。这一形象是活跃的、转向外部的，可以有效利用身体。

第三层是"性欲刺激"，这一形象在孩子的绘画中表现为空洞、线条、伪足，这些都是快乐的来源。

对于成年人来说，疾病会扰乱身体的无意识形象，这一形象是原始的，但被抑制。

其他证据，法国摄影师埃斯特尔·加德（Estelle Lagarde）在患了乳腺癌之后，觉得自己像是"从鸟巢中掉下来的雏鸟"：

"进行了乳房切除术的女人同任何一个被截肢了的人一样，他们应该都经历过这种面对现实、面对缺失，无能为力的可怕感觉。这种缺失的危机无法得到缓和。对这些缺失的接受是人生中最困难的部分[①]。"

因此，这是一种缺失的感觉，是身体和智力的负荷。缺失的还有身体支撑我们、让我们完成欲望的能力。这就像是斯特尔·加德（Estelle Lagarde）关于鸟巢的形容：我们的身体就像是接替了子宫的功能，使我们具有存在感。

面对这一缺失，我们得到了退化。很长时间以来，我们如果感觉不被爱，或者没有足够被爱，就会有如此反应。这是我们的原初防御机制：重新回到我们感觉良好的状态。弗朗索瓦兹·多尔多因此明白了为什么婴儿总是会有鼻涕流入口中：他们回到自己处于羊水中的时刻。生病的成人常常退回到婴儿的类妄想狂和抑郁状态，我们描述过梅兰妮·克莱恩对此的定义。

类妄想狂反应也是一种拒绝的态度，类似于婴儿拒绝"坏妈妈"。这种反应的目的在于拒绝承认疾病，反抗残害自己的外部敌人：所以首先对抗的是医护人员，为什么不反抗整个世界？如果疾病没有被否认，反抗更贴近现实，这一态度就使得病人同疾病作战，同医护人员结盟。我们知道，医学也发展了作战相关的词汇：我们会用

---

① 埃斯特尔·加德（Estelle Lagarde），《意外的交叉（乳腺癌）》〔*La Traversée imprévue (adénocarcinome)*〕，文本与摄影，2010.

到攻击、侵入、回击……

抑郁的反应更为常见，也可能是最有益处的，尤其是对于会留下后遗症的严重疾病。所以，缺失不只是一种短暂的感觉，而是一个需要适应的事实。抑郁的经过可以实现哀悼和心理的改组，可以重新找回同以前不同的对生活的热情。

疾病是考验

所以，体验疾病就像是经受考验。但这里所说的考验并不是基督教或伊斯兰教中的悖论。在宗教中，疾病是上天的礼物，是爱的证明，是自我奉献的机会：痛苦成了考验人们信仰的福气，甚至连死亡也是……

疾病也会是入教价值观的考验。但自相矛盾的是，疾病会带来一种我们并不了解的生活热情，这也是多亏了对价值观、理想典范的调整。成功、被认可、被爱的需要于是得到了转变。我们的自恋欲也因为被打击而发生转变。快乐也发生了转变，它们变得与简单的事物相关联，因为体验过了失去的感觉，我们知道了简单事物的价值。这可能只是简单的蓝天、阳光、大树，还有对于其他事物的热爱，对于团结的青睐……所以，经历疾病可以让我们更深刻地认识自己、认识他人、认识这个世界。尼采因为健康原因，不得不放弃文献学教授的职位，他写道：

疾病慢慢地把我解脱出来：它使我避免了与他人的绝交，使我避免了每个粗暴的和使人反感的行动。……疾病允许我忘却，要求我忘却；疾病把需要静卧、强迫休闲、强迫期待和保持耐心赠送给我……但是，确切地说，所有的这些都可以被称作思维！……①

　　把生命看作是明显的现实、相信不朽，这会让我们变得不再敏感。在我们具体地经历对死的展望时，疾病给予我们很多生的欲望……

　　之后要做的就是将之前的那一页翻篇，忘记生病的时光，将它略去。但这并不那么容易！奇怪的是，人们有时候无法埋葬曾经的疾病。回顾那段时间，我们似乎显得英勇，生活也显得很强烈。同样的，有一些士兵很难让自己远离战场……

---

① 尼采（Friedrich Nietzsche），《瞧，这个人！》（*Ecce homo*）。

25

哀悼，失去

哀悼的作用 - 杀死死亡？ - 病理学哀悼 - 和逝者一起离开 - 当前的哀悼和对第一个客体的哀悼 - 愤怒 - 当我们难以缓解悲伤 - 哀悼相关的身体疾病 - 无动于衷 - 孩子的死亡 - 孩子的哀悼

疾病宣告着自我的死亡，哀悼则是关于他者的死亡，更为残酷，我们怀有的爱丢失了：我们从来不会认识到自己的死亡，顶多是垂危（这里的这个词缺乏具体的意义，适用于所有想象），但我们却会充分地体验他者的消失。

哀悼的作用

弗洛伊德说：

"哀悼通常是因为失去所爱之人而产生的一种反应，或者是对失去某种抽象物所产生的一种反应，这种抽象物所占据的位置可以是一个人的国家、自由或者理想，等等。^①"

所以，弗洛伊德没有把哀悼局限在实体的人身上，也没有将其看作是一种疾病：

值得注意的是，虽然哀悼涉及主体与正常的生活态度的严重分离，但它绝不会让我们将其当作一种病态的情况，并且认为它需要求助于医学治疗。^②

弗洛伊德说，我们明确地识别了这种状态的原因，也就是失去生命中重要的人（或者一种状态，一个理想）。我们知道这种情况不会持续很久。社会习俗对哀悼的时限进行了规定。社会习俗也要求人们哀悼：没什么比在哀悼的场合无动于衷更可怕的了。

哀悼的规则

在传统社会中，哀悼会按照仪式组织，使得哀悼者重新回到正常的生活中。

犹太教就是个很好的例子。哀悼被规定为五个步骤：首先

---

① 弗洛伊德（Sigmund Freud），《哀悼与忧郁》（*Deuil et mélancolie*），《超心理学》（*Métapsychologie*），Gallimard, 1968.
② 同上。

是"Aninout"，意思是哀悼，这是悲伤期。之后是"Avelout"，在家中哭泣，持续七天。再往后是"Shiv'ah"，亲戚聚集在死者家中。Sheloshim 持续三十天，哀悼者不能婚嫁，也不能参加一些节庆。最后一阶段是 Shannah，意思是哀悼者应当回归正常生活。

基督教中也有相关的仪式。在法国，并不是在很久之前，鳏夫要服丧一年……寡妇要服丧两年！这种区别对待在轻丧仪式施行后减弱。第一年是"大哀悼"，鳏夫和寡妇都要穿黑衣。但到了第二年服"轻丧"时，寡妇可以穿紫色或黑色。这是为了让她们的追求者们少安勿躁。

在一段否认期之后（人们会自问"这怎么可能？"），人们进入气愤期。曾经有这么几个世纪，那时的人们认为没有正常的死亡，一切死亡都是自然或超自然的敌人进行的谋杀。死者是命运或魔力的受害者。言下之意就是，没有敌人，我们就可以不朽！如今，愤怒更多的是针对负有相关责任的人或事：污染、医学、不好的周围环境……愤怒也是无意识和无理感觉的真实写照：我们会责备死去的爱人抛弃了我们。

而哀悼的关键在于抑郁期，其特点是痛苦、暂停对外界的兴趣、失去爱的能力，一切活动都被抑制。

从这时起，身体的转化会多多少少地实现。这就是我们所说的哀悼的作用。在弗洛伊德看来，其挑战在于：

"可以说，对象已经不存在了，自我不得不决定是否要承担这一命运。面临此问题的自我最终被大量自恋性满足——这些满足来自于活着这一现实，从而切断对那已经消失的对象的依恋。[①]"

我们从来都不是独自生活的。可以说，我们将自己的伪足、一些部分给予了他人。也就是说，在离开时，失去的对象也带走了我们的一部分。一些哀悼者会对此反映强烈：他们觉得自己也同死者一起离开了。而消失的究竟是什么？是我们投射在对方身上的理想典范和欲望，它们与对方融为一体……这种共享与分担并不让人感到意外：我们还记得在刚出生时，我们几乎和母亲不做区分，二者是完全相融的。这就是为什么哀悼的过程会漫长而艰辛：

在力比多与对象紧密联系在一起的记忆和期待中，每一个单独的记忆和期待都得到了培养和过度贯注，力比多的分离就是针对它而完成的。

为此，我们提到过杀死死亡……可我们所清除的死亡又何尝不是象征性的？

杀死死亡？

哀悼的表达中还有一些不能被接受的事情，我们对记忆和传承

---

① 弗洛伊德（Sigmund Freud），《哀悼与忧郁》（*Deuil et mélancolie*），《超心理学》（*Métapsychologie*），Gallimard, 1968.

的崇拜会对此做出反抗：哀悼的终极目的在于忘记死亡，不再倾注，渴望别处。这就是最让人愤慨的：死了还不够，我们还要让对方再死一次！从理智上看，我们记得住死亡，但情感上的记忆越来越少：我们会从别处寻得快乐。我们能理解人们感觉自己有罪，尤其是在相信死后还生的情况下（这涵盖了所有宗教的依据），死者的重现并不让人惊奇……这是为了找我们算账！我们将自己的罪恶感投射给了死者：死者想要报复我们的遗忘。夜晚时，死者的幽灵会回来拽我们的脚，叫喊，播撒厄运，以各种可能实现的折磨为乐。对此，我们的想象是：这就是为什么我们中的一些人喜欢充斥着幽灵的哥特式电影和小说。要想安抚那个亲爱的死者，重要的是用所有绝望的特征强烈表达，要表现出我们爱他胜过一切，没有他我们就无法继续生活。哭丧妇的职业由来已久了。出于安全原因，还有对尸体进行三重封锁：要把棺材埋在土里，上面还要用结实的石板覆盖……这样死者就能安息了……也能让我们安心了。

当哀悼的工作接近尾声时，就开始回忆的工作，死者变得不朽：他活在生者的记忆里。这种转化会持续一生：随时间推移，不断发生的新事件会让人重新诠释过往，使死者的形象得到演化。

记忆常常像是一个传说：死者被理想化了。我们可以发现哀悼工作难以实现。将死者形象传奇化，这可以满足其自恋欲（我们也随之增值），还可以平复潜意识的负罪感。我们要知道，弗洛伊德在此之中看到的是宗教的起源。在《图腾与禁忌》中，他描述了儿子在杀死暴虐的父亲之后，将父亲化身为一个他们所崇拜的神灵形象。死去的父亲被看作是禁令，其中包括禁止和氏族内的女性发生性关系，而父亲在世时却对此滥用。一旦死去了，父亲就成了第一条法规的维护者：禁止乱伦。出于对杀死了他们曾爱戴的父亲所产生的负罪感，他们将父亲生前的暴虐意志（"所有女人都是我的！"）变为他们所服从的法则（"氏族里的女人不属于我们"）。

病理学哀悼

我们提到过，哀悼要有结束之时。哀悼如果触发了疾病，如果无法结束……如果人们无法给"好的"哀悼定一个期限，它就是病理学的！哀悼所占的时间因人而异也因情况而异。失去一个孩子和失去父母是不同的：失去父母符合时间序列，而失去孩子则是难以接受的。

我们可以将负面的哀悼分为四类，这也是不分离的方式。保持与死者的联结，害怕同死者一起离开；会对死者愤怒；保持郁郁不乐的状态。最后，可以无动于衷地度过哀悼。

和逝者一起离开

我们说过，有些人感觉自己和逝者一同离开了。他们觉得自己像是被死者抽走了，这就会造成焦虑。这种混淆会让哀悼的人无法区别自己和死者，其产生根源可能是遥远的，但会因当前的冲动而加强。因为爱，朱丽叶在罗密欧的尸体前自杀，为了他们俩能够永不分离，至少在坟墓里永不分离。我们不至于做出这种极端的自杀行为，但也会培育我们所说的"坏死"：或者说潜意识里寻求与死者团聚，通过罹患身体或精神上的疾病将自己与死者相认同。

当前的哀悼和对第一个客体的哀悼

任何的哀悼都会重新引发对客体的构建，对此我们在本书中已经讲过好几次了。要知道这一过程发生在母亲和小孩之间，可能从胎儿期就已经开始。在母亲的支持下，孩子如何将母亲构建与一个有别于自己的客体，从而让自己可以拥有一个与母亲相区别的身份，获得充足的存在感？这一过程中也包含着哀悼：哀悼同母亲的融合关系。哀悼多多少少实现得很好（当然精神病人除外）。按照塔玛拉·兰道（Tamara Landau）的说法，我们中的一部分会被囚禁在母亲那里。而我们与他人，尤其是与伴侣或孩子的关系都会按照这一模式构建：有点黏人……

我们要再重复一遍，承认爱的客体的存在与自己相区别，这同时也是在失去爱的客体，因为在对方的身上，有一些我们永远无法勾勒的陌生的东西。所以，如果保持融合状态，我们则既是自己又是他人。

如果将自我与他者彻底区分，哀悼就能更容易地被实现。

愤怒

在孩子的想象中，分别总是有意义的，虽然他们还不懂得死亡。

如果有人离开了，那是因为我们做了什么不好的事，所以对方要惩罚我们，他的离开不会考虑我们的感受，说明他不爱我们！这就是为什么成年人潜意识里的那个孩子会愤怒。死者离开了我们，这难以接受，他会看到我们将来会看到的。既然死者无可接近，我们的恼怒、愤慨会重新转移到身边的事物上。

当我们难以缓解悲伤

最常见的病理是抑郁，特征是感觉失去了爱的对象（我们曾经爱过的，爱我们的人）。我们要知道抑郁不是疾病，而是一种情感，我们也将其称为"一种经验"，这是我们在不同病理学类别中找到的，而有些病症中也是完全看不到抑郁的情况！我们可以补充认为一定的抑郁能力是生活的必需品：成为自己主体，要做的就是走出缺失、分离（我按照弗朗索瓦兹·多尔多的说法将之称为阉割），要经历过一段抑郁期才能消化它们。

关于抑郁，法国精神分析学家皮埃尔·菲迪达（Pierre Fédida）提到的是"冰川神经官能症（névrose glaciaire）[①]"。在感受到的痛苦的背后，是精神生活的静止，表现为什么也感觉不到，什么也不再渴望。菲迪达还提出要尊重这种感受障碍。如果出现这一防御机制，就说明主体还没能和死者分离。

[①] 皮埃尔·菲迪达（Pierre Fédida），《抑郁的好处》（ *Des bienfaits de la dépression* ），Odile Jacob, 2001.

菲迪达还说，对抑郁者进行精神分析之后，发现症结常常在于对被遗忘的死者的情感身影。在这些人的故事、这些人家庭的故事里，都有死者的身影……治疗工作在于让死者重现，从而对其哀悼。这是一项危险的工作。

当事人陷在哀悼之中，难以缓解悲痛。忧愁使其脱离了生活。仿佛他自己也应该被埋葬，他想要对抗失去，把死者的死亡状态保存在自己身上。

如何结束这种状态？我们知道，强行使一个人走出抑郁（例如使用抗抑郁药物）会引发心理结构的破坏以及自杀之类的强制行为。我们可以重新采用"冰川神经官能症（névrose glaciaire）"这一隐喻：过于突然的加热会烧坏组织。要留时间让抑郁者完成其哀悼并自我重建。

哀悼相关的身体疾病

抑郁不仅仅是心理上的，也是身体上的。就像是免疫系统减弱：这还有待于科学证明，我们只能发现，根据流行病学的研究，男人常常在鳏居或离异两年后死亡。

无动于衷

对于哀悼的无动于衷则是最令人担忧的紊乱。抑郁者停留在与死者的关系中，无动于衷则存在于否定和抑制之中。不再忍受创伤的痛苦，将其平凡化，阻碍将消除：从中走出来。当一切进展顺利，甚至异常顺利之时，我们有时就会不甘心，或者至少会怀疑。通常情况下，这种获取幸福的方式很奇怪，显得虚假，忽略了真正的快乐。

　　哀悼之后，无动于衷的人不会哭泣，因为他们不觉得痛苦。他们通常会表现得像多动症患者一样，这样做也是为了遗忘。他们可能会经历抑郁的时刻，成为他们并不理解的某些坚定需求的客体：他们并没有注意到死者的生日竟然跟自己的生日是同一天。之后，某些未知的事件就会突然触发哀悼的工作。还有可能在某一天陷入无法理解的抑郁之中……

哎哟，我的祖先！

　　有人在父亲的忌日出了车祸，而父亲也是死于车祸。还有人在姐妹的忌日生了病……这些都是"忌日综合征"数不胜数。说明了哀悼的工作没有完成。

　　安娜 - 安瑟兰·舒曾贝尔格指出，有时，这些事故甚至会隔代发生①。家庭的历史上可能会留下某个让人感觉"羞耻"的事件，这可能是强奸，贪污，也可能是从来没有被谈论的死亡。之后的几代人会是与羞耻、被遗忘的死亡相关事故、疾病的受害者。似乎存在着某种家庭无意识，每一代人都获得了遗传——直到遗忘的实现。

---

　　① 安娜 - 安瑟兰·舒曾贝尔格（Anne-Ancelin Schutzenberger），《哎哟，我的祖先》（ *Aïe ! Mes aïeux ! Desclée de Brouwer* ），1993.

孩子的死亡

孩子的死亡常常让人觉得无法接受。为孩子哀悼的父母感觉到深深的不公平：（理论上的）代际序列没有被遵守。他们对孕育新生命的渴望也会受到打击。

这些家长通常会体验到一种难以理解的负罪感：他们的孩子死亡，这是因为他们没能够很好地保护他、教育他。他们后悔没有做出某种行动或是说某些话……他们并不完美！他们会体验到深层次的自恋创伤，而在这一创伤的背后，我们看到的是全能欲望，似乎孩子所发生的一切都取决于家长自己。成为孩子的一切，为孩子做一切是父母情欲的中心，这在孩子刚出生时可能的确是有必要的。但在孩子长大后，就很难进行哀悼。

小说作者贝尔纳·尚巴兹（Bernard Chambaz[①]）在作品里记叙了对于儿子的哀悼，他让人们意识到词典里没有哪个词可以形容这种状态。他将自己称为是"失去孩子的孤父"，这就让人想到了代际间的交叉。潜意识中，父母通常期待孩子给予他们不曾从自己父母那里获得的爱。

我们因此可以很容易地理解，对于孩子的哀悼会持续很久。

孩子的哀悼

孩子需要时间理解死亡的意义（和无意义）。在没有完成哀悼时，

---

① 贝尔纳·尚巴兹（Bernard Chambaz），《翠鸟的最新消息》（*Dernières Nouvelles du martin-pêcheur*），Flammarion, 2013.

孩子并不能理解我们所说的哀悼。只有在发现了不同性别及自己在繁殖生育中所扮演的角色后，他们才能够完成哀悼。时间被按顺序分成了生之前，活着时和死去后。死亡在继承逻辑和代际传承中找到了属于它的位置。

在大约四岁之前，孩子没办法完成哀悼的工作。但这并不意味着他们会无动于衷！就连婴儿也会因为身边亲人的消失而以自己的方式感到痛苦。他们所体验到的东西会被记录在身体里，他们无法将其象征化、给予其一个意义，自己处于难以表达的状态，被隐藏遗忘的状态。婴儿也一样会抑郁。环境则是决定因素。如果父母长时间处于哀悼之中、感觉抑郁，他们就会让孩子处于第七章中提到的环境中。

四岁之后，孩子可以回忆起亲人的死亡，可以谈论这件事。痛苦于是变得强烈且有意识。孩子需要被自己内化了的亲人的形象，他们需要这些形象才能成长。然而，其中的一个形象缺失了。比起成年人，孩子更可能会长期地拒绝"放弃逝者"。如果逝者被过度理想化（有时是受周围人的鼓动），就会成为一个过于沉重的形象，孩子在其面前会贬低自我，成长也会受阻。如果逝者在生前是"负面的"，会激起孩子的好斗反应。之后，孩子很可能会（当然是无意识地）认为自己对他的死负责，从而感觉到有负罪感（常常是无意识的，有时是有意识的）。这里也一样，周围人发挥的是决定性作用。要做的是接纳孩子的哀悼，而不强迫。过于悲痛的父母可能会为孩子表面上的无动于衷、比自己更快恢复生活的能力而惊讶。

青少年的哀悼工作最难实现。心理和冲动的改变让他们极为脆弱。这时，周围人就发挥着比任何时候都具有决定性的作用。

26

失业，社会地位下降

解雇－幼儿期体验－双重痛苦－脆弱的恶性循环－
我们遇到的快乐的失业者－如何应对？

在上一章的开头，我引用了弗洛伊德的话，弗洛伊德认为除了我们爱的人之外，我们也可以对抽象概念进行哀悼，例如祖国、自由、理想。也就是说祖国被像母亲一样倾注，我们准备好要捍卫她；自由则是理想自我不可分割的一部分，赋予我们身份。

由此而言，我们所生活的社会（或者是人类社会的整体）为我们提供保护，具有母性功能。在法国，这被称作是社会保障、失业保险，关注的是我们身心的健康和完整性，关注我们的生存。由于这一些并不完善，我们有时会觉得它们剥夺了亏欠我们的权利。所以，我们会觉得社会不再爱我们，让我们消沉、拒绝我们。社会也扮演了传统的父亲角色：国家颁布法律并让人们遵守。如果国家过于严苛，就说明它不爱我们，如果国家过于宽容，就说明它放弃了我们，纵容我们为所欲为。

此外，我们会把自己的理想典范投射给社会、体制及其价值观。我们的个人身份也依附于它。以至于我们有时愿意为祖国付出生命。

说到底，这并不令人惊讶，因为在我们存在之初，就是另一个人让我们在其目光、声音中得到构建，传授给我们母语，而母语则具有团体性质，传达给我们的还有先于我们存在的一切。得知了这一过程，个体和主体的概念便显得可疑了：我们如何从早先沉浸于其中的他者、集体中构建特殊、新颖之处？

我们与社会的关系因而是具有情感性的。比起在管理、经济上的专注，政治更是冲动与情欲的。这就是为什么在失业的情况下，心理因素会影响经济因素，使经济问题更严重。

解雇

解雇同失恋一样悲剧。对于解雇的抗议有时和失恋时的抗议一样："我为她/他做了那么多，最后却被甩了！简直忘恩负义！"如果按冲动行事，我们就会试着让老板为他的负心付出大代价！除了要补偿经济现实，还要为他们的轻视付出代价。

直到此时，我们还是想相信自己是被爱的（或者更腼腆地说：是被考虑的）。但我们会抱怨没有足够被爱——因此人们不断要求"被认可"，永不满足，这就是为什么人力资源负责人总是感到不知所措。人们不想清楚地了解实情，而是更希望抱有幻想。尤其是对于右派的拥护者[①]，不被认可怎么活下去？

法国人属于在工作上倾注最多的人民之一，他们将工作看成是

---

① 右派更崇尚企业、个人的自由发展，鼓励人们发挥个人价值。——译者注

自我实现的一种方式。也就是说他们依靠自己的成就、"代表作"来认同自我，工作不仅仅是一门营生。这就是为什么法国人也是最多产的人民之一，他们成就了高质量的工作。法国人感觉自己带来了福祉，让同胞们受益：农民为社会提供粮食，供电者提供热能，护理人员救死扶伤，理发师让人们变美……而被解雇的人被剥夺的正是这种生存的理由，这一社会身份。

所以，一切都崩塌了：我们的身份以及企业对于我们的认同都化为乌有。虽然在其管理通告中（如果足够到位的话），公司总是向我们强调：我们就是公司的关键，一切似乎免除了竞争的挑战，我们就像是一个大家庭（甚至是一个派别），我们被要求要动力十足，无私奉献……我们对此并不完全相信，但又多少有点相信……而这一假象崩塌了，就像是波特金村庄①：我们不过是被剥削的资源，我们不会愤慨于"人力资源"这一说法，而如今却明白了其间的卑鄙。

幼儿期体验

要想理解职员对于企业的爱的幻象，有必要回归到最早的依恋源头。

---

① 波特金村庄（Potemkin village），有时被译作波将金村庄。在现代政治和经济中，"波特金村庄"指专门用来给人虚假印象的建设和举措。这个词原指用来骗人的村庄。1787 年，在叶卡捷琳娜二世出巡因为俄土战争获胜而得到的克里米亚的途中，格里戈里·波特金在第聂伯河两岸布置了可移动的村庄来欺骗女皇及随行的大使们。在现代政治和经济中，"波特金村庄"指专门用来给人虚假印象的建设和举措。——译者注

在最早经历的爱的关系中，我们还年幼、无法自立，我们要依赖于一个有资格、有能力的"大人"。而企业也常常被视作是这类实体，由高层所领导。我们越是远离这些高层，就越会将幼儿期的体验投射给公司。这就是基层干部以及我们现在所说的操作人员的情况。

我们提到过这种幼儿对爱的需求解释了受父母虐待孩子的悖论。无论经历了何种虐待，这些孩子还是爱他们的父母。通常而言，任何孩子都会倾向于认为父母的爱不容置疑，他们更喜欢对此苛刻要求，这也是因为他们对此有需求。就像是我们常说的"想要梦想成真"。

同样的，职员希望公司理所当然地对自己关注、认可。他们将事务关系化为情感模式。无法正确对待对话者，想要表现自己的动机、想法，却无法将自己置于现实之中，无法进行真正的谈判。

社会心理学试验证明，这种幼儿式的倾注对象也可能是工作本身。如果我们将个体置于与其价值观相矛盾的境况之中……他们中的大部分人会改变自己的价值观，为了不再与自己的内心相冲突地活着！管理者们尤其如此，他们要督促生产，参与并没有多少依据的解雇。然而，这也是应急水管工或开锁工的状况，他们要"榨取"顾客一笔不公正的钱款。不得不从事一些无意义工作的操作人员也同样如此：他们无法找到工作的意义。例如，很多女收银员在从事人际相关工作后都找到了极大的满足。为了在这方面帮助她们，我们称她们为"接待人员"，代替之前的"商场工作人员"。

这些人依靠幻想和暗示修复了他们的自恋欲。当解雇将这一想象化为灰烬，缺失就变得极为残酷……而这种崩塌的根源则在于缺乏成熟的心理。成熟的心理可以使人们考虑到自我价值观、自我渴望和现实状况之间的内在冲突。而这需要的是强大的心理力量，要能够经受一切内在斗争所带来的艰难时刻和艰难体验……确实，当失业率飙升，雇员和雇主间的关系极端不平等时，现实帮不上我们什么忙。雇员很难甚至不可能以企业看待他们的（商业）方式看待雇主：他们就像为一个顾客售卖服务，顾客在市场上挑选产品，或者说是挑选提供的职业。只有高层次的干部才会摆脱或尝试摆脱这种状况。

双重痛苦

对于失业者来说，丢掉的不只是薪水、对公司的幻想，还有相应的社会地位。一个再平常不过简单的问题就会揭示一切："您是做什么的？""什么也不做……"这么回答难免会让当事人感到惭愧。

失业者之前处于相互交换、有付出有回报的社会关系之中，而失业后他们只收获却不付出。这就是失业补助会导致的情况。如果失业者忘记了失业保险的连带性，忘记了自己之前交过保险金，他们就会觉得自己就像个孩子一样：吃与住都不用自己负责，无法依靠自己。

付出，接受，回报

1925 年，法国人类学家、社会学家马塞尔·莫斯（Marcel Mauss）注意到了两个习俗，一个是被使用于太平洋波利尼西亚群岛的 Kula（礼物交换），另一个则是被北美印第安人所奉行的 potlatch（交换礼物的宗教节日），莫斯以这两个习俗描述具有普遍意义的社会关系。

　　个人、家庭、部落要在义务与无私的游戏中付出、接受、回报。如果对话者没有接受，付出也就不存在。拒绝礼物就是拒绝馈赠者，或者说是向其宣战。对于受赠者来说，接受就意味着要回报。接受的越多，当然有来就有往……由此构成了交互系统，产生慷慨和感恩的联系，人们不脱离社会便无法从中脱离。

　　马塞尔·莫斯（Marcel Mauss）认为：

　　"所有的这些现象不仅具有法理性、经济性和宗教性，还具有美学性、形态性……，它们就是一切，是整个社会系统。[①]"

　　这一内心感受也会被社会的斥责环境所加强，"折磨"着那些被我们称作"无所事事"的人。法国企业运动（Medef，法国企业家组成的类似工会的组织）和舆论会认为这些人如果不是好吃懒做、从慷慨的社会母亲那里贪好处的人，那就是接受救济、无法成为自我开创者的人……

　　同他者的决裂似乎完成了——他者其实是一系列的他者链，从母亲，照顾自己的人，到之后的父亲，家庭，学校，朋友，配偶和企业……如此多的实体在无意识中形成了一个链条，一个系列，而我们是其中的爱的客体。

　　被排斥的人有可能会发现自己处于曾经经历过的状态中。如果当

---

　　① 马塞尔·莫斯(Marcel Mauss)，《关于馈赠，古代社会中交换的形式和原因》(*Essai sur le don. Forme et raison de l' échange dans les sociétés archa ques*)，in （《社会学和人类学》) *Sociologie et Anthropologie*, PUF, 1973.

事人曾经没有很好地解决这一问题，就意味着他要重复儿时的羞愧和负罪感，我们在之前提到过 ①，想象因而会进一步恶化的现实情况。

脆弱的恶性循环

社会爱着我们，同时为我们带来社会地位：资质、职位、金钱、退休保障、住房。这一身份地位让我们结识不同的合作伙伴。如果我们失去了这一切，丢掉的就不仅仅是现实中的一切，还有相关的象征意义：我们想象着自己不再被爱。

这种让·福尔托斯（Jean Furtos②）所描写的脆弱的恶性循环于是开始了。这一循环首先开始于丢掉工作，随之而来的就是恐惧：职员会思考自己是不是犯了错误，造成了损失。他知道自己被解雇了，或者说他想象中的他人对自己的认可和爱都是有条件的。

当这类缺失变成了习惯，防御机制便只靠想象运行。不被爱的孩子常常用暴力或犯罪做出反抗。不够强大的成人也会主动地用否定自己来抵御排斥。

让·福尔托斯（Jean Furtos）说：

主体有能力施加给自己一种活动，让自己脱离现实情况，不再

---

① 见第 16 章。

② 让·福尔托斯（Jean Furtos），《社会根源精神痛苦的临床效果》（*Les effets cliniques de la souffrance psychique d'origine sociale*），《精神想法》（*Mental'idées*），编号 11, 2007 年 9 月，布鲁塞尔法语精神健康同盟。

感到痛苦[1]。

这一防御机制具有负面意义：人们对不确定性变得无动于衷。从情感上看，当事人尽力让自己无动于衷。他们因而可以脱离痛苦。酒精也会帮得上忙。他们有必要尽可能地不去多想。可以说，他们将自己排斥了，以至于常常感觉不到自己的身体，感觉不到痛苦，这就使得他们忍受疼痛，甚至忍受可能导致死亡的疾病。这些症状同样会让我们想起被抛弃的孩子。

我们遇到的快乐的失业者

自 1929 年美国经济危机以来，出现了大部分针对失业者心理状态的研究。大量研究证明的结果常常是显而易见的。自我评价不足的人比自我评价高的人更倾向于认为失业是自己的原因……而令我们惊讶的是：对于四分之一的人失业者来说，丢了工作反而为他们带来了心理健康的改善。

通常而言，这些人完成了那些本该被他们放弃或被他们发现的项目。在没有进行付薪工作之前，他们也不是无所事事：他们看重自己从事的活动，并将其明确地与付薪工作相区别。

失业期引发的倒退也会让人们提出自己之前从没觉察到的问题。

---

[1] 让·福尔托斯（Jean Furtos），《社会根源精神痛苦的临床效果》(Les effets cliniques de la souffrance psychique d'origine sociale)，《精神想法》(Mental' idées)，编号 11, 2007 年 9 月，布鲁塞尔法语精神健康同盟。

从家庭进入学校再进入社会，这就像是一个"正常"的必然结果，不会受到质疑。而此时，我们质问工作的意义，我们遇到了新的人，新的欲望出现……我们会感觉到自己从昏睡甚至是噩梦中惊醒！

我们于是发现了工薪条件之外的生活。而"工薪"这一社会形式的出现并不久远，它从十九世纪工业化开始被逐渐施行。生产方式的技术化使农业种植者和手工业者变得贫困，让企业家榨取劳动力并施加他们制定的条件。不过，从多方面看来，这些条件都在使人幼稚化。这是否是个巧合？也正是从这一时代开始，我们发现了父亲角色的衰落。脱离了他们的摊铺、作坊或田地，一家之主的形象也丢失了。成了工薪族之后，他们进入了新的依附关系之中，不再是自己时间或工作的主人，也不再是自己的主人。工人，普通干部都重新回到了孩子的状态；企业家也一样以他们的方式"退化"：幼儿狂妄症在等着他们。

从那时起，我们发现工薪者的处境是"正常的"，我们无意识地支持着这种儿童化的状态。而失业者却可以摆脱这一怪圈。

如何应对？

我们明白，有必要摆脱对工作和企业孩童般的倾注。这种倾注也是雇主既抱怨又支持的。要能够将自己爱的需求放置在正确的位置上，讲述给合适的对话者。因为这一倾注在很大程度上是无意识的，所以实现起来更容易。

结 语

在"爱"与"失爱"的国度中航行，我们也同时穿越了生命中的重要时刻。我们知道了这样一个事实：我们今天的经历构建于我们过往的经历。

我们看到爱的缺乏除了来自于缺失，还可能来自于爱的漫溢。就像是饮食过剩会带来身体超重，没有被"正确地爱"也会带来心理超重。所以问题就不仅仅在于：我是不是被爱？我是否付出爱？而是在于：如何爱？为了回答这一问题，要区别情欲和爱，尊重他者和尊重自己常常遗忘的渴望，这才是决定性的。

我们所有人都有一条漫漫长路要铺设，这条路起源于在子宫中的最初融合（可以说那时的我们并不真正存在却又是存在的），终止于成为自己的主人。这条路也暗含着缺失和限制。而自由的代价就在于此。

感谢一直鼓励我的罗瑟琳娜·达维多（Roseline Davido）编辑；感谢心理学家阿涅斯·萨洛蒙（Agnès Salomon）的建议；感谢马赛厄斯·莱尔（Mathias Lair）的审校，没有他们就没有这本书。我在此感谢他们。